今日から使える統計解析　普及版
理論の基礎と実用の"勘どころ"

大村　平　著

ブルーバックス

本書は2005年8月，小社より刊行した
『今日から使える統計解析』を
新書化したものです。

装幀／芦澤泰偉・児崎雅淑
カバーイラスト／中村純司
本文デザイン／齋藤ひさの（STUDIO BEAT）
本文イラスト／寺村秀二
本文図版／田中聡（TSスタジオ）

まえがきに代えて

　私たちは，毎日，たくさん，たくさんの数字に囲まれて，その影響をもろに受けるとともに，それらを利用しながら日々の生活を営んでいます。したがって，これらの数字をそしゃくして受けとめる力と，数字の力を借りて自らの意見を正しく伝達する能力が，現代人にとって不可欠であることは，疑う余地もありません。

　とはいうものの，私たちを取り巻いている数字がすべて，素性（すじょう）が正しく善良であるとは限らないから，困ってしまうのです。たとえばの話……。

　ある自治会で正月の行事についてアンケートをした結果として「反対者は30％にすぎませんでしたので，計画どおり実施いたします」と発表されたのですが，よく聞いてみると，残りの70％のほとんどは無回答だったときたもんです。この場合，反対者30％という数字は額面どおりに受け取っていいものでしょうか。

大相撲・出世率比較表

	一般力士	学生相撲出身力士
役力士	1.9%	27.2%
幕内	5.9%	36.3%
十両	10.1%	50.0%

　つぎに、上の表を見てください。この表は「学生相撲出身の力士は、十両以上の関取に出世する割合が高い」とするもので、ある新聞記事から拝借しました。一見もっともらしい表かもしれませんが、この数字の意味は、よく考えてみるとひどくあいまいだと思われませんか。

　たとえば、学生相撲出身力士の役力士への出世率として「27.2％」が挙がっていますが、この数字は少なくとも2通りに解釈できます。「入門した学生相撲出身力士全員のうち、27.2％が役力士になった」という意味なのでしょうか。それとも、「幕内力士になった人のうち、27.2％が役力士に出世した」ということなのでしょうか。

　つまり、統計を理解する基本である、「なにの、なにに対する割合か」ということがあいまいなのです。記事をものした記者に悪意はなかったにしても、数字の使い方としては、完全とはいえないように思います。

　悪意といえば、もっとひどい例として、もともと売値が

2,000円の商品に、わざわざ3,000円の値札をつけ、それを赤マジックで2,000円と訂正（文字どおり訂正ですね）して売場に並べるくせものもいるとも聞きます。

このように、数字の誤用や悪用の例は枚挙にいとまがありません。したがって、私たちが日常生活を送るに当たっては、数字の誤用や悪用に対して、ほどほどの用心や注意が必要です*。

こうした不埒な数字を排除したうえで、数字が語る真実を解析し、伝達したり利用したりすることになるのですが、そのときに必要なのが統計学の知識です。統計学を知ることで、「なにの、なにに対する割合か」という基本に

---

* 数字の誤用や悪用の例などについては、大村平著『数字のトリック』（知的生きかた文庫、三笠書房、2003）などをご参照ください。

始まり,「成績の5段階評価は正当か」とか「あいつの勝ちは実力かまぐれか」といった,非常に実践的な感覚を身につけることができるのです。

この意味で,統計学は純粋科学ではなく,むしろ社会科学なのだと,私は思っています。そして社会科学なら,論理の整合性やレベルの高さにウットリとしているのではなく,実用性の追求に重心を移してもいいはずです。

そういう観点から,この本は実用性を主眼として書いていくつもりです。つまり,わかりきった考え方や手順なども省略せずに,一歩一歩,しこしこと愚直に歩をすすめ,その足跡をなぞりさえすれば,現実の統計処理の虎の巻としても役立つように,努力しようと思います。そのために,例題がやさしすぎたり,話がくどかったりする点は,お許しください。

なお,ひとつだけ悩みがあります。それは,パソコンとの関係です。

統計処理用のパソコン・ソフトも,ずいぶん安価で使い勝手のいいものが,容易に入手できるようになりました。標準偏差や相関係数などの統計量を求めるのはもちろんのこと,t検定,χ^2検定,F検定などの結果もほとんど瞬時

に教えてくれるし,さまざまなグラフや鳥瞰図まで描き出してくれるので,理解しやすいばかりか楽しくなってしまいます。学校教育でも,ずいぶんと威力を発揮することでしょう。

そのせいか,つぎのような意見が聞こえてきます。「統計解析の理論は難解だから,そこから始めるとすぐに脱落してしまう人が多い。それなら,まずパソコンでいろいろと例題を試し,感じをつかんでから理論を学ぶほうがいいのでは……」というのです。

う〜ん,と腕を組んでしまいます。「例題を試して感じをつかんでから理論を学ぶ」が実行されれば異存はありませんが,パソコンで答えが出たところで満足し,理論を学ぶことを放棄してしまうような傾向も,決して弱くはないのではないでしょうか。

その結果,なにが起こると思われますか。統計解析の勘どころ,たとえば,推定や検定の結論にデータの数がどのくらい敏感に効いてくるかとか,商取引ではあわて者の誤りとぼんやり者の誤りを互いに容認しあうことが必要,などの実務的な感覚が欠如したまま,コンピュータの画面だけを操作する「統計屋」が幅を利かせてしまうのではないかと心配です。

　そこで,この本では統計解析の理論と,実務への応用を,決して気取ったり怠けたりすることなく,愚直に書き下していこうと思います。どうか,お付き合いください。

　最後になりましたが,このような出版の機会を与えていただいた講談社のご厚情に感謝するとともに,企画や編集の実務を担当しながら,いろいろなアイデアを出してくださった慶山篤さんに心からお礼を申し上げます。

大村　平

『今日から使える統計解析 普及版』

もくじ

まえがきに代えて ……………………………………………………… 3

第1章 数の群れにはなにが隠れてる？
統計解析ことはじめ …… 15

1.1 統計学ってなんだろう？ ……………………………… 16

1.2 モード, メジアン, ミーン
　　　代表する値は, どれ？ ……………………………… 19

1.3 ばらつきの大きさを表すには ……………………… 29

1.4 ばらつきの型にも注目 ……………………………… 35

1.5 さいしょの例の分布の型は？ ……………………… 43

1.6 データ処理のミニチュア・モデル ………………… 44

1.7 統計解析とはどんな学問なのか？ ………………… 58

第2章 ノーマルとアブノーマルの科学
正規分布に親しむ

2.1 正規分布はこうして誕生する ……… 62

2.2 正規分布は確率を表す道具です ……… 71

2.3 正規分布どうしの算術 ……… 81

第3章 ウナギ捕りから推測統計へ
推定という知的な作業

3.1 ウナギで味わう推定のだいご味 ……… 96

3.2 平均値をt分布で推定してみよう ……… 109

3.3 自由度というやっかい者 ……… 121

第4章 実力か,まぐれか,いかさまか
検定という決着のつけ方

4.1 公平な判定には検定が必要なのだ ……… 128

4.2 推定と検定のくさい仲 ……… 142

4.3 食いちがいの大きさを検定しよう ……… 148

第5章 不良品からあなたを守る術
標本調査による保証
...... 161

- **5.1** あちらも、こちらも立てましょう 162
- **5.2** 二項分布のやさしい数学 164
- **5.3** 小さい確率にはポアソン分布が役立つ 174
- **5.4** えっ！ 不良品も合格するの？ 183
- **5.5** 検査基準を決める手がかり 194

第6章 じょうずな実験教えます
分散分析と実験計画法のダイジェスト
...... 199

- **6.1** 誤差を分離して効果を求める 200
- **6.2** 効果と見たのも幻ではあるまいか？ 204
- **6.3** 分散分析のしくみを解き明かす 211
- **6.4** 因子が2つ以上にふえたら？ 216
- **6.5** 実験計画法のさわり 221

第7章 今を知り，未来を占うテクニック 229
相関と回帰の一部始終

7.1 相関のショート・コース 230

7.2 回帰のショート・コース 233

7.3 相関の強さを表す相関係数 237

7.4 相関のゆうれい？ 242

7.5 回帰直線を求める法 247

7.6 曲線による回帰も必要だ 254

Column

1 乱数サイで遊ぼう 39
2 統計計算の前処理 48
3 「標準」の「偏差」って，なんだ？ 57
4 二項分布の式をご紹介 67
5 「行」と「列」のおぼえ方 71
6 恐るべき？正規分布の式 73
7 ±3σという感覚が重要 78
8 統計数学で，ふつうに使われる記号 103
9 ダイジェスト版・有意差の検定 138
10 統計に「むずかしい数式」はいらない 156

11	オッタマゲーション・マーク	173
12	パソコンは万能ではないのだ	182
13	人生いろいろ，検定もいろいろ	210
14	回帰というへんなことば	236
15	式(7.10), (7.11)の数学的に正しい導き方	252

付録

❶	標準偏差は n で割るのか，$n-1$ で割るのか	258
❷	ギリシャ文字とローマ字	260
❸	正規分布表	261
❹	t 分布表	262
❺	χ^2 分布表	263
❻	F 分布表（上側確率0.05）	264
❼	e^{-x} の値	266

索引 …… 267

第 1 章

数の群れには
なにが隠れてる？

統計解析ことはじめ

331	5	1818	13.2	−69	492	……
47.2	−0.87	21	324		0.184	……
1.79					301	……
−186				31	61960.2	……
2408	34.5	0.79			−483	……
……	……	……	……	……	……	

なんだこりゃ〜

1.1
統計学ってなんだろう？

本章の扉に，妙なイラストが描いてあります。そこには

331　5　1818　13.2　…

というような数値[*1]が，なんの脈絡もなく，ごちゃごちゃと並んでいます。このままでは，あまりにも雑然としていて，この数値のグループの性質がよくわかりません。絵の中の人も困っています。そこで，この数値のグループを整理して，その性質を明らかにしてやりましょう。

いうまでもありませんが，数値のグループの性質を明らかにしたい動機はケース・バイ・ケースで，いろいろ考えられます。近所の人々の年収の額を調査するのと，たくさんの工業製品の寸法が基準内に収まっているかどうかを検査するのと，夜空のかなたの星々までの距離を観測するのとでは，動機は明らかにちがうでしょう。

しかし，いずれも，**数値の群れからなんらかの有用な結果を見いだそうとしている点では，共通しています。**

そして，それが統計学にほかなりません。**統計学**とは，

[*1] 「数字」と「数値」は意味がちがいます。数を書き表すための記号を数字といい，数字によって具体的に表現された数を数値といいます。0, 1, 2, …, 9はアラビア数字であり，3.141592…は円周率を表す数値です。

「数値の集団から,その集団についてのどのような情報を引き出せるか」を研究する数学なのです。

そして,相手が数値の集団であるならば,その出どころが自然現象であれ社会現象であれ,統計学の基本的な方法はなんら変わりません。極端な話,統計学を知っていれば,人文科学・自然科学・社会科学のすべてにおいて役に立つということになります。

統計学の２本の柱──記述統計と推測統計

数値のグループを調べる動機は各人さまざまとはいえ,おおまかにいえば,つぎの２つに大別できそうです。

(1) 記述統計

１つめは,この数値のグループの性質を,まずは自分で納得するとともに,その内容を第三者に伝えるとか公表したい場合でしょう。たとえば,人口や物価のような,ある社会現象についての調査結果をマスコミに発表したい場合などが,これに相当します。

こういうときには,数値のグループの平均値やばらつきの大きさなどを調べたり,図やグラフを描いて数値のグループの性質を説明したりするテクニックが必要になります。このような数値の処理の仕方を**記述統計**と呼んでいます。

(2) 推測統計

ほかの１つは,それらの数値が,もっともっと大量の数値の中から,たまたま取り出された一部の見本にすぎず,この見本の性質を手がかりにして,その背後にある数値全体の性

得られたデータを説明する記述統計と，部分から全体を推測する推測統計

質を推し測りたい場合です。

たとえば，同じ学年の児童の中から10人くらいの代表を選んで，その体重を測り，そのデータによって同学年の児童全体の体重の現状を推し測るように，です。テレビの視聴率調査などもこれに当たります。

統計学では，上の「たまたま取り出された一部の見本」のことを**標本**，「その背後にある数値全体」のことを**母集団**と呼びます（ハハシューダンと読むと，PTAとまちがわれます）。そして，このような「既知の標本から未知の母集団を推測する」という方針での数値の処理の仕方を，**推測統計**と名づけています。

 本書の目次をながめていただくと，「推定」「検定」「標本調査」といった用語が並んでいますが，これらは推測統計の用語です。本書では，推測統計を主に目指していくことにします。

このように，記述統計と推測統計とでは，数値の取り扱い

第1章 数の群れにはなにが隠れてる?

に対する姿勢がかなり異なるのですが、根っこは同じ統計学ですから、基本の部分には共通点も少なくありません。いずれにしても、与えられた数値のグループの平均値を求めたり、数値のばらつきの程度を調べるなどして、数値のグループの実体を把握しないことには、記述統計も推測統計も始まらないのです。

そこで、数値のグループの実体を把握するために必要な、いくつかの項目を整理していこうと思います。このあたりは、どう書いても話がおもしろくならないのですが、辛抱してお付き合いくださるよう、お願いします。

1.2
モード, メジアン, ミーン
代表する値は, どれ?

数値のグループの性質を解き明かす第一歩として、まず、「そのグループを代表する値」について考えてみてください。章扉のイラストの数値の群れは、全部が絵の中に収まらず、全貌が見えないので、新しく

| 5 | 4 | 3 | 6 | 4 | 8 | 5 | 5 |

という8個の値を、例として使うことにしましょう。

では、これらを代表する値をひとつだけ決めるとしたら、どの値に決めたらいいでしょうか。

それは、実は、代表値を決める目的によりけりです。たとえば、これらの値が8個の荷物の重さ(単位はkg)を表し

ていて，どの荷物を載せてもこわれないような棚を作るためにひとつの値を代表として選ぶのであれば，いちばん大きな値「8」を代表値としなければなりません。

あるいは，これらの値が8個の果実の直径（単位はcm）を表していて，どの果実もこぼれ落ちないような網の目の大きさを決めるために代表値を選ぶなら，いちばん小さな値「3」を採用するのが当然でしょう。

さらに，これらの数値が8人の子供たちの年齢を表していて，子供たちが喜びそうな話をするのであれば，「5」を代表値とするのがいいかもしれません。5歳の子供向けの話なら，最年少の3歳の子でもある程度は理解できそうですし，最年長の8歳の子もあまり退屈しないでしょうから……。

このように，代表値の使用目的がはっきりしているときには，もっとも目的にふさわしい代表値を選ばなければなりません。けれども，特定の目的に偏らずに，常識的に数値のグループを代表する値をひとつだけ選ぶとするなら，どのような基準に従うのが妥当でしょうか。いくつかの考え方を見ていただこうと思います。

モード(最ひん値)は多数決の思想

もっとも単純明快なのは，いちばん出現回数（統計学では，**度数**とか**ひん度**という）が多い値を代表値とする考え方です。私たちの例では，5が3回も現れていますから，「5」を代表値として選ぶことになります。このような代表値を**最ひん値**，**なみ数**，**なみ値**，あるいは，**モード**（mode）といいます。

余談ですが，服飾産業では最新の流行のことをモードというようです。こんなところにも，最ひん値(もっともひんぱんに現れた値，すなわち，もっとも多数の人が着ているファッション)の概念が隠れています。

モードを代表値に選ぶことは，多数決で代表者を選ぶ選挙と同じ思想ですから，文句のつけようがありません。ただ，ときとして，中庸を逸した代表が選ばれる危険性があることも，選挙の場合と同じです。その危険性の判断については，1.4節で補足するつもりです。

まんなかが，メジアン(中央値)

同じように単純明快なのは，数値を小さい順(大きい順でもいい)に並べて，中央に位置した値を代表値とする考え方でしょう。このような値を**中央値**あるいは**メジアン**(median)といいます。

1.2節の冒頭に示した私たちの例の場合には，小さい順に並べ替えると

$$3 \quad 4 \quad 4 \quad 5 \quad 5 \quad 5 \quad 6 \quad 8$$

となります。数値の個数が偶数(8個)なので，中央に位置する値が2つも存在してしまいます。幸い私たちの例では，2つとも5ですから，メジアンは「5」であると判定することになります。もし，中央に並んだ2つの値が異なった場合は，その平均(相加平均)をメジアンとみなすのがふつうです[*2]。

メジアンを求める手続きは，値を大きさの順に並べて中央

の値を取り出すだけですから，簡便です。しかし，簡便さには粗雑さがつきまとうことも少なくありません。たとえば

$$(1, 1, 1, 9, 9) \text{ と } (1, 1, 9, 9, 9)$$

という2つのグループを見比べてください。たいして性質のちがわないグループどうしなのに，メジアンどうしを比較すれば，おおちがい（1と9）ではありませんか。メジアンも，モードと同様に，つねに代表値としてふさわしいとはいえないようです。

 初心者の方には，モードとメジアンはどっちがどっちかわからなくなる人も少なくありません。カタカナ語を使わないで，頑固に日本語の「最ひん値」と「中央値」で通すのも，ひとつの手です。

相加平均こそ全員参加の代表値

モードは少数意見を無視した多数決ですし，メジアンは中央の1つの独断専行です。簡便さの代償は決して小さくはありません。そこで，全員参加の代表値に登場してもらいます。その第一が，ご存じ，相加平均です。

本節の冒頭で導入した私たちの例（8個の値），

$$5\ 4\ 3\ 6\ 4\ 8\ 5\ 5$$

---

*2 メジアンは，うるさくいうと，「確率が1/2になるような確率変数の値」と定義されているのですが，多くの場合，本文のように使われているようです。

第1章 数の群れにはなにが隠れてる?

についていうなら,まず,1番めの5という意見を聞き,その1/8を採用します。8個の値の意見を公平に総合するには,各人の意見の1/8ずつを採用すればいいからです。つづいて,左から2番めの4についてもその1/8を採用し,3番めの3についてもその1/8を……と,最後までつづけていくと,総合された意見は

$$(5 \times 1/8) + (4 \times 1/8) + (3 \times 1/8) + \cdots + (5 \times 1/8)$$
$$= (5 + 4 + 3 + \cdots + 5)/8$$
$$= 40/8 = 5 \tag{1.1}$$

となります。全員の主張を公平に採用した,このうえなく公平で民主的な代表値が求められたではありませんか。

このような値を**相加平均**ということは,先刻ご承知のとおりです。そして,**平均**といえば,ふつうはこの相加平均を指しています。

一般の和英辞典で平均を引くと average(アベレージ)と載っていますが,統計学では,平均は mean(ミーン)とするのがふつうです。average という単語は,文献によっては,モードやメジアンを含めた「代表値」の意味に使われる[*3]こともあり,ややこしいからです。

なお,1970年代ごろまでは,相加平均のことを**算術平均**と呼んでいました。いまでも,年配の方には算術平均のほうが通じやすいこともあるようです。

---

*3 たとえば,東京大学教養学部統計学教室編『統計学入門』(基礎統計学 I,東京大学出版会,1991,p.28)など。

モード, メジアン, 相加平均。それぞれ持ち味がちがいます

　私たちは，本節の冒頭に提示した8個の値を題材にして，相加平均の計算を，式 (1.1) のようにごみごみと解説しました。しかし，私たちが取り扱う数値のグループは，もっと多種多様です。そこで，どのような数値のグループにも対応できるような相加平均の計算式を見ていただきます。

　まず，n 個の数値を

$$x_1,\ x_2,\ x_3,\ \cdots,\ x_n \tag{1.2}$$

であると考え，この中の1つの値を

$$x_i \tag{1.3}$$

で代表させます。そして，式 (1.2) の n 個の値を合計すること，すなわち

第1章　数の群れにはなにが隠れてる？

$$x_1 + x_2 + x_3 + \cdots + x_i + \cdots + x_n \tag{1.4}$$

のことを

$$\sum_{i=1}^{n} x_i \tag{1.5}$$

と書いて表すのが数学の作法です。

　式 (1.5) の中のΣという記号は，ふつうのアルファベットでのSに相当するギリシャ文字に由来し，**シグマ**と読むもので，合計（Sum）を意味します。Σの下に付記されている$i=1$は，iを1から始めてΣの上についているnまでのすべてについて合計すること，すなわち，式 (1.4) のように，つぎつぎと加え合わせるための指示です。ただし，iのすべてについて加え合わせることが明らかなときには，これらを省略して

$$\sum x_i \tag{1.6}$$

と書くことも少なくありません。

　こういうキザな書き方に従うと，n個の値の相加平均（$\bar{x}$と書いて，エックス・バーと読みます）は，n個の値をすべて加え合わせてからnで割ったものでしたから

$$\bar{x} = \frac{1}{n} \sum x_i \tag{1.7}$$

と，かっこよく書き表すことができます。

相加平均とテコの原理の意外な関係

相加平均は，実は，物理的にも重要な意味をもった値です。話を簡単にするために

  1, 1, 3, 4   (1.8)

という，たった4つの値を例にとりましょう。まず，重さのない棒の上に任意の原点を決めてください。そして，同じ重さのおもりを4つ用意します。

原点から1だけ離れたところにおもりを2つつけてください。式 (1.8) には1が2つあるからです。つぎに原点から3だけ離れたところにおもりを1つ，さらに原点から4だけ離れたところにおもりを1つつけてください。**図1-1**のように，です。

そうしたら，この棒が右にも左にも傾かないような支点を見つけてください。きっと，原点から2.25の位置に支点をおくと，棒はどちらにも傾かずに安定するはずです。なぜかと

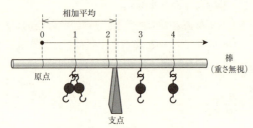

バランスが取れる支点を探すと……
[1, 1, 3, 4] の相加平均と一致する。
図1-1 相加平均は重心

いうと,つぎのとおりです。

原点から1のところにある2個のおもりは,テコの原理によって

$$(2.25 - 1) \times 2 = 2.5 \tag{1.9}$$

の力で,棒を左下がりに回転させようとします。これに対して,3のところと4のところにある1個ずつのおもりは

$$(3 - 2.25) \times 1 + (4 - 2.25) \times 1$$
$$= 0.75 + 1.75 = 2.5 \tag{1.10}$$

の力で,棒を右下がりに回転させようとするでしょう。そうすると,左下がりの力と右下がりの力が釣り合って,棒はぴたりと静止するにちがいありません。こういう支点の位置が,全体の重心の位置です。

このように,数値のグループの相加平均は,そのグループの重心の位置を示しているわけです。

 式(1.9)や式(1.10)のように,それぞれの値に個数を掛け合わせて合計したものを**モーメント**(moment)といいます(統計学では,モーメントを**積率**とも訳します)。数学や物理学において,モーメントは重要な概念のひとつです。

相乗平均というものもある

相加平均は,文字どおり,あい加えてから数値の個数で割って作り出す平均値でした。これに対して,あい乗じて(掛

けて）から数値の個数で開いて（累乗根をとって）作り出す平均値を**相乗平均**といいます。たとえば

$$3, 6, 12$$

という3個の数値を例にとれば、これらの

相加平均は　$(3+6+12)/3=7$
相乗平均は　$\sqrt[3]{3\times6\times12}=6$

というぐあいです。

　相乗平均は、相加平均に比べると、現象的な意味がわかりにくいし、また、計算がめんどうなので、あまり使われません。しかし、なかなか味のある平均値ですから、その一例を見ていただきましょう。

　表1-1は、A、B、Cという3人について、健康と人物と学力を5段階評価で採点したものであると思ってください。

　採点結果の相加平均をとると、3人とも3点で差がつきません。ところが、相乗平均をとってみると、3人の点数にしっかりと差がついてしまいます。

表1-1　相加平均と相乗平均は持ち味がちがいます

氏名	健康	人物	学力	相加平均	相乗平均
A	3	3	3	3	3
B	4	3	2	3	約2.88
C	5	3	1	3	約2.47

相加平均は点数のバランスには関係なく、総合点だけで平均値が決まってしまうのに対して、相乗平均ではバランスが崩れると低い値になってしまうことがわかります。だから、バランスのよさを評価したい場合は、相加平均より相乗平均のほうが適している、という見方もできるでしょう。

相加平均は算術平均と呼ばれた時代があったと前に書きましたが、そのころには、相乗平均は**幾何平均**と呼ばれていました。相加平均が足し算と割り算という算術的な手順だけで計算されるのに対して、相乗平均のほうは、掛け算や平方根（$\sqrt{}$）のように、空間的な広がりをもつ幾何を連想する演算が使われているからでしょうか。

平均は相加平均と相乗平均の2種類だけではなく、ほかにも調和平均、算術幾何平均、ベクトル平均など、いろいろあり、それぞれ持ち味がちがいます。

1.3
ばらつきの大きさを表すには

数値のグループの性格を把握するための第一歩は、そのグループを代表する値を知ることでした。

つづいてこんどは、数値のグループのばらつきの大きさに注目しなければなりません。2つのグループの相加平均どうしがほとんど等しいとしても、一方のグループの値が平均値付近に密集しているのに、他方のグループでは平均値より非常に大きい値や非常に小さい値が混在しているなら、「この2つのグループは性格が異なる」と認識するのが当然だから

です。

　ばらつきの大きさの表し方にも，いく通りもの方法があります。

レンジ＝最大値－最小値

　いちばん手っとりばやい方法は，数値のグループの最大値から最小値までの幅を示すことでしょう。この幅を**レンジ**（range）といいます。レンジは英語で範囲とか区域などを意味する単語です。数値のばらつきの大きさを示す尺度として使うときには，単なる

　　　最大値－最小値

という引き算の結果だと割り切ってください。私たちの8個のデータでいうなら，最大値は8，最小値は3でしたから

　　　レンジ＝8－3＝5　　　　　　　　　　　　　　　(1.11)

です。または，レンジをRと略記して

　　　$R=8-3=5$　　　　　　　　　　　　　　　　　　(1.12)

ということになります。

　この表し方は，まことに簡便です。しかし，メジアン（中央値）のときにも書いたように，簡便さには粗雑さがつきものです。その証拠に

第1章　数の群れにはなにが隠れてる？

　　　（3　5　5　5　5　8）と（3　3　3　8　8　8）

の2つのグループをレンジで比べてみれば，両方とも5ですからちがいはありません。しかし，前者はほとんどの数値が5に集まっているのに対して，後者のほうは3と8にまっぷたつに分かれています。だから実感としては，後者のほうがばらつきが大きいと見るのが妥当でしょう。このような違和感が生じるのは，レンジが，たった2つのデータの情報だけで決まってしまうからです。

平均偏差のほうが精密だ

　レンジは，せっかく多数の値(データ)があるのに，たった2つの値の情報しか利用しないので，粗雑のそしりを免れませんでした。それなら，すべての値を平等に利用してやろうではありませんか。

　そのためには，**個々の値のそれぞれが，中心的な値（相加平均）からどれだけ離れているかを求めて，それらの値を平均した値を「ばらつきの大きさ」とみなす**のがよさそうです。具体的には……。

　表1−2を，ご覧ください。いちばん左の列には，私たちの例である8個のデータ（1.2節冒頭）の値を列記してあります。そして，これらのデータの相加平均$\bar{x}$は5でした。

　左から2番めの列には，個々のデータの値x_iから，それらの相加平均$\bar{x}=5$を差し引いた値（$x_i-\bar{x}$）を並べてあります。この値は，個々の値が平均値から離れている大きさ，つまり，個々の値のばらつきの大きさを表しています。しか

表1-2 平均偏差を求める

x_i	$x_i - \overline{x}$	$|x_i - \overline{x}|$
5	0	0
4	−1	1
3	−2	2
6	1	1
4	−1	1
8	3	3
5	0	0
5	0	0
計40	0	8
$\overline{x}=5$		8/8=1

し,プラスの方向に離れていてもマイナスの方向に離れていても,ばらつきっぷりとすれば同じことですから,マイナスの符号は取り去って絶対値にしてしまいましょう。

こうして,個々の値が平均値からばらついている値が,いちばん右の列に列記されることになります。そうすると,私たちの8個の値のばらつきの大きさは,これらの値の平均値「1」として表されることになります。

このようにして求められたばらつきの大きさを**平均偏差**といいます。数式でまじめに書けば

$$\text{平均偏差} = \frac{1}{n} \sum |x_i - \overline{x}| \tag{1.13}$$

ということです。

平均偏差は,すべての値の言いぶんを公平に採用しているし,また,離れている距離を平均するというストーリーも理

解しやすいので，なかなか優れた評価基準です。しかし，実は，あまり利用されません。絶対値をとるという演算が数学の世界では嫌われ者であるほか，つぎにご紹介する「標準偏差」に人気が集中してしまうからです。気の毒なことです。

標準偏差こそ人気者

ばらつきの大きさを表す尺度として，レンジと平均偏差をご紹介してきましたが，とどめは標準偏差です。これ！ これです。これなくして統計理論は始まりません。

では，標準偏差の計算手順を**表1-3**で見ていただきましょう。まず，左の列には8個の値を並べ，中央の列には，それらから平均値を引いた値を並べるところまでは，平均偏差を求めた表1-2と同じです。つぎが異なります。

$x_i - \bar{x}$ で生じたマイナス符号を，表1-2のときには絶対値をとることによって消去したのですが，こんどは，2乗する

表1-3 標準偏差を求める

x_i	$x_i - \bar{x}$	$(x_i - \bar{x})^2$
5	0	0
4	−1	1
3	−2	4
6	1	1
4	−1	1
8	3	9
5	0	0
5	0	0
計40	0	16
$\bar{x} = 5$		$\sigma = \sqrt{16/8} = \sqrt{2}$

ことによって消してやりましょう。そして、表1-2のときと同様に、それらの値を合計して数値の個数8で割ると、16/8=2と出ます。

もちろん、このままではいけません。2乗の影響がもろに残っているからです。そこで、全体をルートすることによって、2乗の影響を除去しましょう。

このようにして求められたばらつきの大きさを**標準偏差**といい、σ（シグマと読み、ギリシャ文字のΣの小文字）という記号で表すのがふつうです[*4]。

> 2乗の影響を消すのは、単位を揃えるためでもあります。なにかの長さの測定で、生データの単位がm（メートル）だとすると、それを2乗したままでは、単位がm^2になってしまいます。ルートをほどこした標準偏差の単位なら、生データの単位と一致します。

σの計算式をまじめに書くと

$$\sigma = \sqrt{\frac{1}{n} \sum (x_i - \overline{x})^2} \tag{1.14}$$

ということになります。私たちの例では、表1-3に示したように、$\sqrt{2}$でした。

私たちの8個の値（5, 4, 3, 6, 4, 8, 5, 5）のばらつきの大きさは、平均偏差という尺度で測ると1でしたし、標準

[*4] 標準偏差を表す文字としては、sも多用されます。σとsの使い分けについては、巻末の付録❶を参考にしてください。また、標準偏差の式(1.14)の$\sqrt{}$の中は、nではなく、$n-1$で割るのではないかと思われた方も、そのときまで、お待ちいただきたいと存じます。

偏差という尺度で測れば$\sqrt{2}$(約1.414)でした。はて，どちらのほうが私たちの実感に合致しているでしょうか。初心のうちは甲乙つけがたい感じですが，慣れてくると実感が標準偏差のほうに合ってくるから，不思議なものです。

ついでにご紹介させていただくと，標準偏差の2乗，すなわち

$$\sigma^2 = \frac{1}{n} \sum (x_i - \overline{x})^2 \tag{1.15}$$

のことを**分散**といいます。$\sqrt{}$が消えて式の形がすっきりしているので，標準偏差ではなく，分散のままで考えたり運算したりすることも少なくありません。

1.4
ばらつきの型にも注目

数値のグループの実体を把握するためには，数値の個数を知る必要があるのはもちろんのこと，それと並んで，グループの代表値（ふつうは相加平均）と，数値のばらつきの大きさ（ふつうは標準偏差）を知らなければ，なにも始まらないのでした。

それなら，数値の個数と平均値と標準偏差を知れば，数値のグループの実体をほぼ把握することができるかというと，まだ不十分なのです。その証拠に，つぎの2つのグループを見比べてみてください。

Aグループ　8, 8, 8, 8, 7, 7, 7, 6, 6, 5
　　　Bグループ　9, 8, 8, 7, 7, 7, 6, 6, 6, 6

　両グループの最大値どうしを比べるとBグループの9が大きく、最小値どうしを比べてもBグループの6のほうが大きいので、直観的にはBグループのほうが大きめの値の集合であるように感じます。

　ところが意外や意外、両グループの平均値を計算してみると、ともに7です。そのうえ、標準偏差を計算してみても、ともに1で等しいのです。どうしてでしょうか。平均値と標準偏差のほかに、なにか、数値のグループの性質を評価する要素を見落としているのでしょうか……。

　そこで、両グループの数値ごとの個数を棒グラフに描いてみました。それが、**図1-2**です。見てください。棒グラフの形が、まるで左右反対ではありませんか。つまり、平均値と標準偏差がともに等しい2つのグループでも、数値がどのように分布しているのかという**分布の型**がちがえば、異なった性質をもつグループとみなす必要があるわけです。

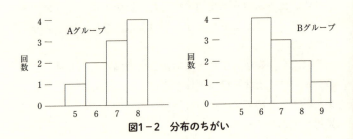

図1-2　分布のちがい

第1章 数の群れにはなにが隠れてる?

分布の型の表し方, いろいろ

図1-2には, 型の異なる2つのタイプの分布を例示しました。この図では, わずか10個ずつの数値を対象にして出現回数を棒グラフにしたために, 階段が露骨に目立つ形になっていました。

そこで, もし数値の個数がどんどんふえていったら, どうなるでしょうか。現れる数値の種類がふえるので各棒の幅を細くしなければ紙面に収まらないし, 棒の高さも短縮しなければなりません。その結果, 階段の段差も小さくなって, 棒グラフの頂上を連ねる線は階段状の折れ線というよりは, 滑らかな曲線に近づいていくでしょう。

そのような曲線で表された分布の型だと思って, **図1-3**を眺めていただけませんか。ここには, 私たちの身近に存在しているいくつかの分布の型を描いてあります。

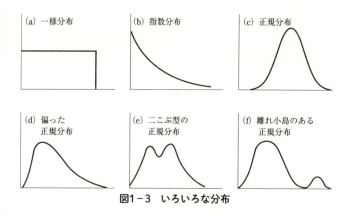

図1-3　いろいろな分布

(a) 一様分布

図1-3の (a) は，一様分布と呼ばれるタイプです。乱数表は，0から9までの数字を無作為（ランダム）に並べたものですから，各数字の出現確率を棒グラフとして描けば，どの棒も同じ高さに並び，一様分布になります。サイコロの6種の目の出現確率や，乱数サイの10種の数字が現れる確率も同様です。

 無作為（ランダム，random）は「デタラメ」と訳すこともありますが，この訳語はいいかげんという感じを与えてしまうので，望ましくありません。あくまでも，くせや作為を排除して，完全に運まかせにすることですから，やはり「無作為」と訳すか，カタカナで「ランダム」と書くのがよさそうです。

また，1日24時間中のどの時刻についても地震が起こる確率は一様に分布しているし，電車が10分おきに発車している駅に，時刻表を知らずに到着した客の待ち時間は，0〜10分の幅の一様分布になるでしょう。

(b) 指数分布

図1-3の (b) は，指数分布といわれるタイプです。ひとつだけ実例を見ていただきましょうか。

ふつうの英文にはAからZまでの26文字（大文字・小文字を区別しない場合）が使われています。これらの26文字に単語間のスペースを加えた27文字を，出現率の大きい順に並べてみたのが**表1-4**です。

そこで，この順に棒グラフを並べて描き，その先端を滑らかに連ねると，図1-3 (b) のような分布曲線になることが知られています。

第1章 数の群れにはなにが隠れてる?

Column 1

乱数サイで遊ぼう

　正多面体には，正四面体，正六面体，正八面体，正十二面体，正二十面体の5種しかないことが，理論的に証明されています。このうち，正六面体に⚀から⚅までの目を印したのが，一般的なサイコロです。これに対して，正二十面体の2面ずつに，0から9までの文字を刻んだものを**乱数サイ**といい，10進法の世界にぴったりのサイコロです。

　乱数サイは，1970年ごろまで，品質管理や実験の現場などで，乱数を発生させるために実用されていましたし，デパートのおもちゃ売場に並んでいたこともありました[*5]。しかし，パソコンで乱数を発生できるようになった現在では，統計解析の表舞台からは，すっかり姿を消してしまいました。私の机の中には，まだ眠ったままですが……。

乱数サイ

いろいろなサイコロ

[*5] 専門的な玩具店では，いまでも売られているようです。正二十面体の乱数サイのほかにも，正八面体や正十二面体などに数字を刻んだ，いろいろなサイコロが実在します。

表1-4　英文におけるローマ字の出現率

文字	確率	文字	確率	文字	確率	文字	確率
スペース	0.193	I	0.053	U	0.021	V	0.008
E	0.104	S	0.050	M	0.020	K	0.004
T	0.080	H	0.044	Y	0.016	X	0.002
A	0.065	D	0.031	G	0.016	J	0.001
O	0.064	L	0.029	P	0.016	Q	0.001
N	0.057	F	0.023	W	0.015	Z	0.001
R	0.053	C	0.023	B	0.012	計	1.000

　都市の人口，島の面積，高額所得者の所得額などさまざまな事象に，同様な傾向があることが知られています。これはジップの順位法則と呼ばれています。

また，偶発的な理由で死亡したり故障したりするような集団の生存確率も，指数分布に従うとみなすことができます。

(c)　正規分布

図1-3の (c) は，**正規分布**といわれるタイプで，私たちの身辺によく見られるとともに，統計理論の中核となる分布です。

たとえば，おおぜいの青年男子の身長を測り，1cmごとに人数を分類して棒グラフに描き，その先端を滑らかに連ねると，図1-3 (c) のような，左右対称の釣り鐘状の曲線が出現します。その中心の位置は170cmくらい，曲線と横軸に囲まれた範囲の面積のほとんどは150～190cmの範囲に収まってしまうでしょう。身長が150cm以下や，190cm以上の青年男子は，きわめてまれだからです。

正規分布は，統計数学の基本中の基本なので，章を改め

第1章 数の群れにはなにが隠れてる？

現象に応じて，分布の型はさまざま

て，くわしく見ていただきます。

(d) 偏った正規分布

　まともな正規分布は左右対称の美しい姿をしているのですが，現実の世界にはいろいろな理由で変形した正規分布が出現します。図1-3の (d) は，正規分布が左か右のどちらかに偏ってゆがんだタイプです。これは，分布に属する値が，決して一定の値以上（あるいは，以下）になりえない場合などに生じる分布です。横軸を対数目盛りになおすと正規分布として扱うことができる場合が少なくありません。

(e) 二こぶ型の正規分布

　同年代の男性と女性が同じ人数ずつ交じりあった集団のように，平均値が異なる2つの正規分布を加え合わせると，図1-3の (e) のような二こぶ型の分布になることが少なくありません。また，中学校の数学の得点では，80点台と30点

台に山頂のある二こぶ型になっていて,小学校時代に基礎が身についているか否かで,2つの層に分かれているらしいと,新聞が報じていたこともありました。

このような分布が現れたら,値を2つのグループに分けて(**層別**といいます)から検討するのが,正しい道です。

(f) 離れ小島のある正規分布

図1-3の (f) のように,正規分布に離れ小島が付着することもあります。

こういう場合は,たいてい,離れ小島を作っている値が異分子です。それが発生した理由を解明する必要があるし,場合によっては,その値を除去してから,残りの値のグループの性質を吟味しなければなりません。

とってつけたような補足?

ここで,とってつけたような補足をさせていただきます。1.2節で,数値のグループの代表値としてモード(最ひん値)を選ぶと,ときとして中庸を逸した代表が選ばれる危険性がある,と書きました。その理由は,図1-3の中にあります。

図のそれぞれが,横軸は意見の傾向,縦軸は人数とでもみなして,もっとも人数の多い意見が採用されると考えてみてください。正規分布とその親戚の (c), (d), (e), (f) の場合なら,ほどほどに中庸を保った意見が採用されるのに対して,指数分布 (b) の場合だったら,明らかに中庸を逸した意見が採用されてしまうではありませんか。だから,多数決がいつも安全で正しいとは限らないのです。

第1章 数の群れにはなにが隠れてる?

一様分布 (a) の場合は,「神の御心のまま」ですね。

1.5
さいしょの例の分布の型は?

この章で私たちが例として使ってきた数値のグループは

5 4 3 6 4 8 5 5

というものです (1.2節冒頭)。私たちの例は, わずか8個の数値です。たった8個では, 分布の型を読みとるには十分ではありませんが, なにはともあれ, 数値の出現度数をヒストグラムに描いてみます。

 ヒストグラムとは, 数値を横軸に, 出現度数を縦軸にして描いた棒グラフのことです。**柱状グラフ**と訳すこともあります。

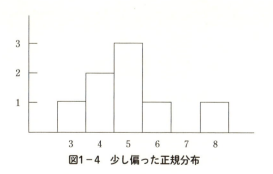

図1-4 少し偏った正規分布

図1-4が、それです。なんとなく、少し偏った正規分布っぽい型が読みとれるではありませんか。

数値のグループを総括するのだ

というわけで、私たちの例、8個の数値のグループの性質を端的に表現すると

  個数 $n=8$
  平均値 $\bar{x}=5$（式 (1.1) による）
  標準偏差 $\sigma=\sqrt{2}$（表1-3による）
  分布の型 正規分布に近い

となることが判明しました。

上記のような表現をしてみても、まだあまりありがたみが感じられないかもしれません。私たちの例には、たかだか1桁(けた)の値がたった8個しかありませんでしたし、また、私たちはまだ標準偏差という感覚にも慣れていませんから……。しかし、もう少し話がすすんでいくにつれて、正規分布や標準偏差が統計学の中でデカい面(つら)をしている理由に、きっと合点していただけることと思います。

1.6
データ処理のミニチュア・モデル

話は、思いきり古い時代に遡(さかのぼ)ります。古代の為政者たちにとって、自分が支配する国の状態を正確に把握することは、

必須の仕事でした。自分の国にどれだけの人が住んでいて、どのくらいの農産物が生産されているかを知らないようでは、政治どころの話ではないからです。

そういうわけで、ギリシャやローマの時代になると、国家（state）の状態（state）を調べることに強い関心が向けられるようになり、国家の状態を調べることをstatisticsというようになったと伝えられています。現在のstatistics（統計学）の語源は、ローマ時代に発しているもののようです。

こういう次第ですから、大量のデータを取り扱うことが、統計学の主要な役目です。それにもかかわらず、ここまでは、わずか8個とか10個とかの値を対象にして統計の話をすすめてきました。紙面を節約するためとはいえ、統計のほんとうの味が欠けていたように思います。

そこで、口直しのために、大量のデータを処理する手順を見ていただきましょう。ただし大量とはいっても、限られたページ数の中に、まさか数千、数万ものデータを書き並べるわけにもいきませんから、わずか100個のミニチュア版を大量のデータとみなすことに、ご同意ください。

おませな子とおくての子

例として、中学2年生の男子生徒100人の身長のデータがあると思ってください。このくらいの少年は、おませな子とおくての子が交ざっているので、身長のばらつきが大きいのが特徴です。

測定結果を見ると、身長はcm単位で記録されていて

$$130cm台〜170cm台$$

おませな子もおくての子もいる中学2年生

の範囲に広がっているようです。これらの値について，
- 平均値を求める
- 標準偏差を求める
- ヒストグラムを描く（分布の型を判定する）

という作業を行ってみましょう。どういう性質が導き出されるでしょうか。

　平均値を計算するのも，標準偏差を求めるのも，データをいくつかに区分してヒストグラムを描くのも，単純作業ですから，むずかしくもなんともありません。
　しかし，なにせデータの数が多いので，かなりの手間がかかります。手間がかかるということは，それだけミスが入り込む機会が多いことを意味します。なるべく手間を減らすとともに，ミスも減らしましょう。作業は，つぎのようにすす

第1章 数の群れにはなにが隠れてる？

めるのがよさそうです。

まず、3桁で表示されている100個のデータから、いっせいに3桁め（百の位）の1を預かってやりましょう。そうすると、データはすべて2桁の値に変わるので、あとの計算がらくになるにちがいありません。そして、平均値については、計算結果に100を戻してやれば、もとの3桁のデータの平均値となるはずです。

いっぽう、ばらつきの大きさを示す標準偏差は、データ相互間のばらつきを総合評価する値ですし、データ相互間の差は、ぜんぶのデータから同じ値（100）を引いても変わりませんから、100を引いた値を使って計算したままで問題はありません。

こうして、中学2年生の男子生徒100人の身長のデータを加工して、**表1-5**のような100個の2桁の値を作りました。

表1-5　100個のデータ

42	52	56	45	51	70	44	56	53	38
59	65	41	61	58	54	60	51	61	51
48	54	61	49	60	47	62	43	49	74
50	60	53	49	31	63	46	56	57	35
53	43	57	66	56	55	68	65	50	55
61	52	63	48	67	44	61	46	59	48
48	68	48	44	55	65	52	57	55	53
55	58	56	54	42	49	49	66	40	62
37	51	59	54	63	38	59	45	72	47
47	51	43	77	50	63	53	57	42	54

Column 2
統計計算の前処理

表1-5の100個の値は,与えられた3桁の値から百の位を省いて作り出したものでした。このように,統計計算をらくにするとともにミスを減らすために,計算に先立ってデータを加工することを,計算の**前処理**ということがあります。

このような前処理としては,

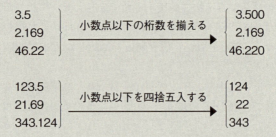

などの各種がありますから,状況に応じてくふうしてください。

前処理に限りませんが,端数を処理するのにもっともよく使われるのが,お馴染みの四捨五入です。一方的に切り上げるのでも切り捨てるのでもないから,四捨五入こそ公平な端数処理である……と思われがちですが,決してそうではありません。わずかですが,数値を大きくする傾向があるのです。その理由は,**表1-6**に見るとおりです。

これを避けるために,JISでは,5の前の数値が奇数なら切り上げ,偶数なら切り下げという「変型四捨五入」を推奨しています。

第1章 数の群れにはなにが隠れてる？

表1-6 四捨五入は不公平？

0.0は0になるから		増減なし
0.1は0になるから	0.1	だけ減少
0.2は0になるから	0.2	〃
0.3は0になるから	0.3	〃
0.4は0になるから	0.4	〃
0.5は1になるから	0.5	だけ増加
0.6は1になるから	0.4	〃
0.7は1になるから	0.3	〃
0.8は1になるから	0.2	〃
0.9は1になるから	0.1	〃
これを平均すると	0.05だけ増加	

ステップ 1 ｜ ヒストグラムを描きます

　私たちは，表1-5に並んだ100個のデータから平均値と標準偏差を求めるとともに，ヒストグラムを描いて分布の型を読みとろうとしているところでした。その作業を，まずヒストグラム（棒グラフ）を描くことから始めようと思います。ヒストグラムは，データの全貌(ぜんぼう)を目に見えるように表してくれるからです。

(1) クラスの幅を決める

　100個のデータをいくつかに区分して，区分ごとに柱を並べたいのですが，いくつに区分すればいいでしょうか。

　柱の本数が少ない場合，個々の柱の高さは多くのデータに裏付けされるため信頼性が高まります。ただし，柱の本数が

少ないために分布の型が読みとりにくくなるでしょう。逆に柱の本数が多いと、分布の型は細部まで描かれますが、1本1本の柱の高さの信頼性は低下します。では、適正な区分の数は、どのくらいでしょうか。

 データがもつ数値の範囲をなん段階かに区分したとき、その区分を統計学では**クラス**または**階級**といいます。

これに対しては、理論的に明快な答えがあるわけではありませんが、JIS[*6]では、一応の目安として、柱の数が5～20本になるような区分の数をすすめています。

また、スタージェス(Sturges)という統計学者は、n個のデータに適当な区分の数は

$$1 + 3.3 \log_{10} n \tag{1.16}$$

くらいではないかと提案しています[*7]。式(1.16)の関係をグラフに描くと、**図1-5**のようになります。私たちのデータの個数は100個ですから、この図を参考にすると、8つくらいに区分するのがよさそうです。

こういうわけで、私たちは表1-5の100個の値を、等間隔

---

*6 日本規格協会編『JIS Z 9041-1：1999 データの統計的な解釈方法——第1部：データの統計的記述』をご参照ください。
*7 式(1.16)はこんにち、**スタージェスの公式**と呼ばれ、有名です。式の出どころは次の論文です：Sturges, H.A., "The Choice of a Class Interval", *Journal of the American Statistical Association*, Vol.21 (1926), pp.65-66.

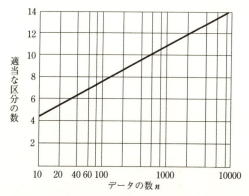

図1-5 スタージェスが提案した適当な区分の数

の8つの区間に分類しましょう。そのためには、100個の中の最小値と最大値を探して、その差を8で割ればよいことになります。表1-5の100個の値の最小値・最大値は、それぞれつぎのとおりです。

  最小値（4行5列） 31
  最大値（10行4列） 77

 最小値と最大値を見つけるのは、一見なんでもない作業のようですが、データの個数がふえると思ったより時間がかかったり、見落としが生じたりします。
　そこで、1行ごとに最小（大）値に印をつけ、最後にそれらを比較して全体の最小（大）値を見つけるという手順をおすすめします。

　では、31〜77の全区間を8区間に分割しましょう。具体的には、**表1-7**の「区間」の列のような8区間に分ければ、収まりがいいようです。

51

表1-7 身長データの階級表

No.	区間	中心値	度数マーク	度数f
1	30〜36未満	33	//	2
2	36〜42未満	39	〃	5
3	42〜48未満	45	〃〃〃	15
4	48〜54未満	51	〃〃〃〃〃 /	26
5	54〜60未満	57	〃〃〃〃〃 //	27
6	60〜66未満	63	〃〃〃 //	17
7	66〜72未満	69	〃	5
8	72〜78未満	75	///	3
				100

(2) クラス別に分類して棒グラフを描く

つづいて，100個のデータを8つの区間に分類しましょう。データをひとつずつ読み上げながら，該当する区間に度数マークを印していきます。度数マークは，品質管理の手法が米国の影響を強く受けているために，JISでは

(1)　(2)　(3)　(4)　(5)　(6)　…
 /　　//　　///　　////　　〃　　〃/

を採用していますが，日本には伝統的な

一　丁　下　下　正　正一　…

という味わい深い表し方がありますから，お好きなほうをお使いください。

すべてのデータの度数マークを印し終わったら，それらの

第1章 数の群れにはなにが隠れてる？

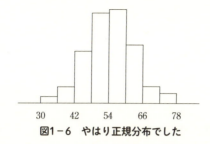

図1-6 やはり正規分布でした

度数 f（表1-7）を数え，それを棒グラフに描きましょう。

結果は，**図1-6**のような型になり，だれが見ても正規分布型です。

ステップ 2 ｜ 平均値を求めます

つづいて，**表1-8**の「省エネ計算の下準備」の値を利用して，100個のデータの平均値を求めます。平均値を求めるだけなら，余計な下準備などをせずに，100個の値を合計し

表1-8 省エネ計算の下準備

区　間	中心値 X	度数 f	u	uf	u^2f
30～36未満	33	2	－4	－ 8	32
36～42未満	39	5	－3	－15	45
42～48未満	45	15	－2	－30	60
48～54未満	51	26	－1	－26	26
54～60未満	57	27	0	0	0
60～66未満	63	17	1	17	17
66～72未満	69	5	2	10	20
72～78未満	75	3	3	9	27
計		100		－43	227

て100で割ればいいではないか，と思われるかもしれません。しかし，この下準備は，めんどうな標準偏差の導出時に見返りのある投資でもありますから，がまんして聞いてください。

まず，中心付近の区間（ここでは，No.5の区間）を$u=0$として，8つの区間に$u=-4$から$u=3$まで，番号uを振ります。すると，相加平均$\bar{x}$は

$$\bar{x} = a + h(\sum uf/n) \tag{1.17}$$

ただし，aは$u=0$の区間の中心値（この例では57）

hは区間の幅（この例では6）

として求めることができます。そうすると，私たちの100個の値の平均値は

$$\begin{aligned}\bar{x} &= 57 + 6(-43/100) \\ &= 57 - 6 \times 0.43 \fallingdotseq 54.4\end{aligned} \tag{1.18}$$

となりました。

ここで，表1-5の値は，中2の男子生徒の身長の生データからいっせいに100を引いた値であったことを思い出してください。そうすると，中2の男子生徒100人の身長の平均値は

154.4cm

であったということになります。

第1章　数の群れにはなにが隠れてる？

　ところで，$\bar{x}$を求めた式（1.17）はなに者でしょうか。その正体は，つぎのとおりです。

$$\bar{x} = \underset{ア}{a} + \underset{イ}{h} (\underset{エ}{\underbrace{\sum \underset{ウ}{u} f / n}})$$
$$\underset{オ}{\underbrace{\phantom{\bar{x} = a + h (\sum u f / n)}}}$$
　　　　　　　　　　　　　　　　　　　　（1.17）もどき

㋐ 分布の中央あたりに適当な原点aを決め，そこを基準にして平均値$\bar{x}$を計算しましょう。ここでは，$a = 57$としました。

㋑ 各区間の中心値どうしの距離，すなわち，区間の幅。ここでは，$h = 6$です。

㋒ $h(=6)$の幅を1で代用するとともに，分布の中心あたりを0として，「基準値（$a = 57$）と平均値とのずれ」の計算を簡略化するための配慮です。

㋓ このずれを共有するデータの個数を掛け合わせて，合計します。

㋔ nで割るとずれの平均値が求まり，それに㋑を掛けると，ふつうの目盛りでのずれの平均値が求まる，という理屈です。

ステップ 3 ｜ 標準偏差を求めます

　つづいて，100個の値の標準偏差σを，表1-8の数値を拝借して求めましょう。そのための計算式は，次のようなものです。

$$\sigma = h\sqrt{\left\{\sum u^2 f - \frac{(\sum uf)^2}{n}\right\}/n} \qquad (1.19)^{*8}$$

説明なしに登場させてしまいましたが、$\bar{x}$の場合の式（1.17）のときと同じように追求していけば、式（1.19）の成立を証明することができます。
しかし、この証明はただの作業で、おもしろくもなんともないので、省略することにしましょう。

さっそく、表1-8に準備しておいた数値を代入してみましょう。すると、

$$\begin{aligned}\sigma &= 6\sqrt{\left\{227 - \frac{(-43)^2}{100}\right\}/100} \\ &= 6\sqrt{(227 - 18.49)/100} \doteqdot 8.7\end{aligned} \qquad (1.20)$$

というように、あっという間に標準偏差が算出できました。2桁の100個の値について表1-3の手順を踏む苦役と比べれば、式（1.19）のありがたさが身にしみるではありませんか。

というわけで、判明した100人の中学2年生男子の身長のデータの性質を端的に表現すると、

　　　個数　　　　　$n = 100$
　　　平均値　　　　$\bar{x} = 154.4$cm（式（1.18）による）
　　　標準偏差　　　$\sigma = 8.7$cm（式（1.20）による）
　　　分布の型　　　正規分布に近い

となります。

Column 3
「標準」の「偏差」って、なんだ？

ここまでに登場した値のうち、統計に馴染みのない方にとって、とくに意味のわかりにくいのが、標準偏差でしょう。「100人の身長の標準的なばらつきが8.7cmである」とは、どういうことでしょうか。

くわしくは第2章をごらんいただきたいのですが、ひとつのヒントは「全データのうちのかなりの割合が、平均の154.4cmから±8.7cmの範囲内に収まってしまう」ということです。じっさい、厳密な正規分布の場合、全データの7割がた（68.3％）が平均値から±σの範囲内に収まることが知られています。

ばらつきの大きいデータ群とは、平均値との差が大きいデータがたくさん存在する集団です。平均値を中心にして、そのような集団の7割がたを収めるには、範囲の±σを広くとらないといけません（標準偏差が大きくなる）。逆にデータのばらつきが少なければ、範囲の±σは狭くてすみ、したがって標準偏差は小さくなります。もちろん、データの値がみな同じ、すなわち、ばらつきがまったくない集団ならば、標準偏差はゼロになります。

標準偏差がばらつきを表すとは、だいたい、そのような意味合いです。

---

*8 式（1.19）の$\sqrt{}$ の中は、nではなく、$n-1$で割るのではないかと思われた方は、本章の脚注4の場合と同様に、付録❶をごらんください。

1.7
統計解析とはどんな学問なのか？

　記述統計を中心とした本なら，このあと，「割合」や「率」の取り扱い，各種の表や図，グラフなどの描き方へとすすむのが正道かもしれません。

　けれども，この本は推測統計を目指していますので，それらをパスして，次章からはいきなり理屈っぽい統計の数学的な解析に突入することを，ご了承ください。

　そして，それが，この本の題名にもなっている「統計解析」という領域の入り口なのです。

　この章の手始めに，推測統計とは「抽出した標本の性質を手がかりにして，その背後に隠れている母集団の性質を推し測る」ことだ，というようなことを書きました。本書でも，主に，そのような観点でお話をさせていただきます。

　しかし近年，こうした従来の推測統計には含まれないような，新しい統計手法もふえてきました。たとえば，本書では第6章で述べる分散分析（雑多な影響の中から，どれが本質的かを分析する）などが，そうです。

　そうした新手法も含めて，いろいろな統計テクニックを貫く屋台骨となる数学は，いまや**数理統計学**と呼ばれて，数学者たちの研究の俎上に載せられています。ただ，この数理統計学は，突き詰めるとめっぽうむずかしい学問で，測度論だ，ルベーグ積分だ，ほとんどいたるところで収束だ……と

いった，聞くだに恐ろしい数学用語が飛び交う修羅のちまたです。

こうした数学的な小理屈に深入りしないで，従来の推測統計を中心に，新しい技法も取り入れて実用性を追求する分野が，**統計解析**（statistical analysis）と呼ばれることになりました。

私たちの興味があるのは，統計学の数学的原理ではありません。あくまで，統計解析の手法を使いこなすことで，なにができるのか，なんの役に立つのか，ということなのです。

第2章から先，統計にまつわる数学的な解析手法を，たくさん，たくさん紹介していきます。でも，それらは決して，こむずかしい数学のための数学ではなく，自然界や現代社会を読み解く強力な手段としての数学なのだということを，ご理解のうえ読みすすめていただければ，幸いです。

第 2 章

ノーマルと
アブノーマルの科学

正規分布に親しむ

2.1
正規分布はこうして誕生する

 世の中には,いろいろな価値観があります。だから,なにがノーマルでなにがアブノーマルかという議論になると,百家争鳴できりがありません。

 ところが,統計の世界で話題になる「分布」の型に関する限り,**正規分布**(normal distribution)がノーマルであることに,どこからも異論は唱えられないのです。そのくらい正規分布は分布の王様なのですが,それはなぜでしょうか。

 ノーマル(normal)という英単語は,「ふつう」と訳すのがふつうですが,理数系の専門用語では**正規**と訳す慣習があります。

 その第一の理由は,正規分布の実用性の高さでしょう。なにしろ,私たちが日常的に見聞きする自然現象や社会現象には,おおむね正規分布するとみなせるものが,やたらに多いのです。

 たとえば,同性同年代の方々の身長も,100グラム詰めの牛肉パックの実際の重さも,自動車事故による1日あたりの死亡者数も[*1],毎年の雨量も,人間の知能も,みなほぼ正規

[*1] 自動車事故による死亡者数は,1970年頃までは,ポアソン分布(5.3節参照)の実例として扱われるのがふつうでした。発生確率が非常に小さかったからです。

分布していると考えられています。知能検査の結果が正規分布しないと、出題のほうが悪いと評価されるほどです。なぜ、それほど多くの事象が正規分布になってしまうのかという理屈については、すぐに合点していただけると思います。

つづいて**第二の理由は、正規分布の曲線の美しさ**でしょう。左右が対称で、釣り鐘を伏せたような安定感に加えて、両側にやさしくすそを引くまろやかな美しさは絶妙ではありませんか。おまけに、平たく描いても、細高く描いても、その美しさが変わらないところが神秘的でさえあります。

このように、正規分布は美しく、しかも実務能力に富んでいるので、文句なく、分布の王様とみなされているわけです。

天才科学者が発見した正規分布

正規分布を発見して、それに数理的な根拠を与えたのは、天才の誉れが高いドイツの数学者・物理学者、カール・フリードリッヒ・ガウス先生（1777〜1855）であったといわれています。

ガウス先生は、ある物体の長さを、なんべんもなんべんも精密に測定して、たくさんのデータを集めたと伝えられています。それらの長さの値を小さな幅ごとに区分して棒グラフに描き、棒グラフの頂上を滑らかな曲線で結んでみたところ、釣り鐘を伏せたような、左右対称の山の形をした美しい曲線になりました。

ガウス

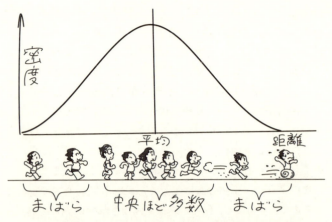

人々の運動能力も、正規分布に従う。中央は多数で、離れるほどまばら

そこで、ガウス先生が考えるには……。

「測定された物体のほんとうの長さは、きっとこの曲線の中心のあたりにあるはずだ。また、測定にはどうしてもわずかな誤差がつきまとってしまうけれど、その誤差はゼロに近いことが多いから、曲線の中心付近のデータが多く、中心から遠く離れるような大きな誤差が生じることはまれだから、曲線の両すそが低くなるのも理に適っている。さらに、誤差がプラス側に発生する可能性とマイナス側に発生する可能性は等しいから、曲線は左右対称の形になるのだろう……」

このような考え方は、多くの学者の支持を受け、この曲線、すなわち、正規分布の曲線は、**ガウス曲線**とも**誤差曲線**とも呼ばれてきました。

さらに，時を経るにつれて，人の身長や知能，各種の運動能力をはじめ，多くの自然現象や社会現象がこの形の分布に従うことが認められていきました。自然界や人間社会にふつう（normal）に見られる分布であることから，ついに，正規分布（normal distribution）という名誉ある称号を獲得したようです。

そして現在では，多くの事象が結果的には正規分布をする理由について，いくつかの説明がなされています。そのうちの代表的な2つを見ていただきましょうか。

裏付けその1：二項分布が導く正規分布

藪から棒ですが，8枚のコインを投げたとき，表が1枚も出ない確率，1枚だけ出る確率，2枚だけ出る確率，……（中略）……，8枚とも表になる確率をそれぞれ計算して，それらを棒グラフに描いてください。

表がr枚だけ出る確率を$P(r)$と書くと

$$P(0) = {}_8C_0 \times 0.5^0 \times 0.5^8 = 1 \times 0.5^8 = 0.004$$
$$P(1) = {}_8C_1 \times 0.5^1 \times 0.5^7 = 8 \times 0.5^8 = 0.031$$
$$P(2) = {}_8C_2 \times 0.5^2 \times 0.5^6 = 28 \times 0.5^8 = 0.109$$
$$P(3) = {}_8C_3 \times 0.5^3 \times 0.5^5 = 56 \times 0.5^8 = 0.219$$
$$P(4) = {}_8C_4 \times 0.5^4 \times 0.5^4 = 70 \times 0.5^8 = 0.274$$
$$P(5) = {}_8C_5 \times 0.5^5 \times 0.5^3 = 56 \times 0.5^8 = 0.219$$
$$P(6) = {}_8C_6 \times 0.5^6 \times 0.5^2 = 28 \times 0.5^8 = 0.109$$
$$P(7) = {}_8C_7 \times 0.5^7 \times 0.5^1 = 8 \times 0.5^8 = 0.031$$
$$P(8) = {}_8C_8 \times 0.5^8 \times 0.5^0 = 1 \times 0.5^8 = 0.004$$
$$計 = 1.000$$

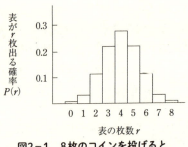

図2-1　8枚のコインを投げると

となります。そして、この結果を棒グラフに描いたのが、**図2-1**です。これが、**二項分布**と呼ばれる確率分布です。

 なぜ「二項」分布という名前がついているかというと、コイン投げのように、表が出るか裏が出るかという2通り（すなわち二項）の結果を伴う現象を表すものだからです。

見てください。そして合点してください。柱の本数が少ないので、柱の頂は階段状になってはいますが、だいたいの輪郭は正規分布にそっくりではありませんか。投げるコインの数をふやして柱の本数をもっと多くすれば、輪郭はどんどん正規分布に近づいていくにちがいありません。

いまは、コインの表が出る確率と裏が出る確率が、ともに0.5ずつであるとして計算しましたが、0.5ずつでなくても、コインを投げる回数をふやしさえすれば、出現確率の棒グラフは正規分布に近づいていきます。すなわち、正規分布は二項分布の究極の姿なのです。

第2章 ノーマルとアブノーマルの科学

Column 4

二項分布の式をご紹介

1回ごとの試行で,ある事象が起こる確率がpであるとしましょう。この試行をn回繰り返したとき,その事象がちょうどr回だけ起こる確率$P(r)$は

$$P(r) = {}_nC_r p^r (1-p)^{n-r}$$

です。また,$1-p=q$とおいて

$$P(r) = {}_nC_r p^r q^{n-r}$$

と表すことも少なくありません。

そして,rを0からnまで変化させたときに,$P(r)$がどのように変化するかを示したものを,二項分布といいます。

ここで${}_nC_r$は,n個からr個を取り出す組み合わせの数を表し,

$$ {}_nC_r = \frac{n!}{r!(n-r)!} $$

で求められます。この${}_nC_r$は5.2節でくわしく紹介しますが,**二項係数**と呼ばれています(${}_nC_r$のことを$\binom{n}{r}$と書く人もいます)。

上の式の中にある「!」という記号は自然数とペアで使い,たとえば

$$n! = 1 \times 2 \times 3 \times \cdots \times n$$

という意味です。つまり「$n!$」は,1からnまでの自然数をぜんぶ掛け合わせた値で,nの**階乗**と呼ばれています。

ここで，二項分布の成り立ちを振り返ってみてください。ひとつひとつのコインについていえば，表が出るか裏が出るかは，まったく偶然の結果です。ところが，その偶然を8枚ぶん集計すると，正規分布にぐっと近づくことがわかります。人の身長や運動能力をはじめ，ほとんどの自然現象や社会現象は，たくさんの要因によって右へ行ったり左へ行ったりしながら作り出されていますから，結果的に正規分布になることが多いのも，納得がいきます。

　たとえば，人間の知能は，父親からの遺伝，母親からの遺伝，育った家庭の環境，保育園や学校の雰囲気，先生・友人・教材との相性，いろいろな試練や努力などなど，数えきれないほどの要因によって，人によって高かったり低かったりしながら，多人数のデータを集めると結果的に正規分布になると考えられているように，です。

　なお，**図2-2**は，正規分布が誕生するメカニズムの説明図です。上部の口から玉をジャラジャラと投入すると，玉は障害物によって右や左へはじかれながら落下し，仕切り板を使って底に設けた箱の中に溜まっていきます。箱ごとの玉の溜まり方は二項分布に従いますが，障害物の段数と底の区分数をどんどんふやし，大量の玉を投入する極限に思いを致せば，それが正規分布になることが想像できるでしょう。

裏付けその2：中心極限定理が導く正規分布

　どのような分布についても，その分布からいくつかの値を取り出して平均値（合計値でもいい）を作るという作業を繰り返すと，作り出された値は正規分布するという性質があります。これを**中心極限定理**といいます。

第2章 ノーマルとアブノーマルの科学

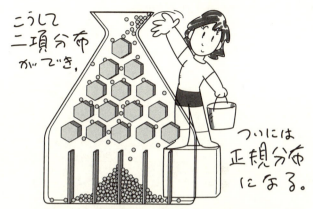

図2−1 二項分布ができ，ついには，正規分布になる

いっちょ，試してみましょうか。乱数表（0〜9までの一様分布）から取り出した10個ずつの値の合計が，どのような分布を作り出すかを実験してみようと思います。

表2−1の左半分を見てください。そこには10行・10列の乱数が並んでいます[*2]。そこで，これらの乱数を行の方向（横方向）に加え合わせると「10個の乱数の合計」が10個できるし，さらには乱数を列の方向に加え合わせても「10個の乱数の合計」が10個できます。これで，「10個の乱数の合計」が20個できました。

しかし，分布の形を観察するには20個では不足です。そ

[*2] 日本規格協会編『JIS Z 9031：2001 乱数発生及びランダム化の手順』所収の「付表1・乱数表Ⅰ」から，冒頭に挙がっている10行10列の乱数を拝借しました。表2−1の右半分は，それにつづく10行10列の乱数です。

表2−1　10個ずつの乱数の合計を求める

	左	半	分							計		右	半	分							計
9	3	9	0	6	0	0	2	1	7	37	2	5	8	9	4	2	2	7	4	1	44
3	4	1	9	3	9	6	5	5	4	49	3	2	1	4	0	2	0	6	8	4	30
2	7	8	8	2	8	0	7	1	6	49	0	5	1	8	9	6	8	1	6	9	53
9	5	1	6	6	1	8	9	7	7	59	4	7	1	4	1	4	4	0	8	7	40
5	0	4	5	9	5	1	0	4	8	41	2	5	2	9	7	4	6	3	4	8	50
1	1	7	2	7	9	7	0	4	1	39	0	8	8	5	7	7	0	3	3	2	43
1	9	3	1	8	5	2	9	4	8	50	8	9	5	9	5	3	9	9	4	6	67
1	4	5	8	9	0	2	7	7	3	46	6	7	1	7	0	8	4	3	7	8	51
2	8	0	4	6	2	7	7	8	2	46	7	3	0	0	7	3	8	3	1	7	39
3	7	4	3	0	4	3	6	8	6	44	7	2	6	3	4	3	2	1	0	6	34

計　36　42　56　36　49　　39　33　44　43　45
　　　48　46　43　52　52　　　53　58　42　36　58

こで，表2−1の右半分では，10行×10列の新しい乱数表を使って，「10個の乱数の合計」をさらに20個作り出してあります。これで「10個の乱数の合計」が40個になりました。

40個あれば，分布の型を調べられそうです。ヒストグラムに描いてみましょう。ヒストグラムは，棒の幅をいくらにするかによって印象が変わりますが，とりあえず1.6節の考え方を参考にしながら描いてみたのが**図2−3**です。いかがでしょうか。かなり正規分布に近い印象ではありませんか。これが，中心極限定理の表れです。

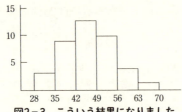

図2−3　こういう結果になりました

互いになんの関係もない10個の値を加算すると、それらは正規分布を作り出していく……。私たちの耳目に触れる事象には、身長や知能などのように、さまざまな要因が加算されて作り出されるものが多いのですから、それらが、正規分布をしているとみなされるのは、ごく自然なことでしょう。

Column 5 「行」と「列」のおぼえ方

数学では一般に、横方向の並びを行(row)、縦方向の並びを列(column)と使い分けています。漢字の中の主要な平行線

行列

を意識して覚えるのがコツです。

2.2
正規分布は確率を表す道具です

確率分布とはなにか？

図2-4の (a) は、8枚のコインを投げたときの、表の枚数ごとの生起確率を棒グラフに描いたもので、二項分布の図2-1のまる写しです。9本の柱の高さの合計、つまり、確率の合計が1（＝100％）であることは、いうに及びません。

図 (b) は，コインの数を16枚にして，同様の生起確率を棒グラフに描いたものです。この場合も17本の柱の高さの合計，すなわち，確率の合計は1になるでしょう。

こうして投げるコインの枚数をふやしていけば，柱の数はどんどん増加しますが，それでも確率の合計は1のままです。

では，投げるコインの枚数を際限なくふやしていった極限ではどうなるでしょうか。図 (c) のように柱の幅が消滅して，その上端は全体で1本の滑らかな曲線になってしまいますが，それでも確率の合計は1のままで変わりません。

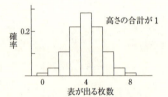
(a) コイン8枚を投げたときの表が出る枚数ごとの生起確率

つまり，見方を変えると，**この曲線と横軸とで囲まれた図形の中には，1だけの確率が等しい密度で詰まっている**はずです。

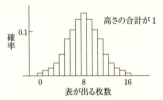
(b) コイン16枚を投げたときの表が出る枚数ごとの生起確率

というわけで，このような曲線を**確率密度曲線**と呼び，その曲線で表される確率の分布を**確率分布**と呼んでいます。そして，二項分布のnの値を極限にまで大きくした確率分布が，正規分布になるのです。図2-2のジャラジャラのように，

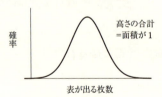
(c) 投げるコインの数をふやしていった極限では……

図2-4　正規分布の誕生

です。

 なお数学では、たとえば関数 $y=x^2$ が放物線を表すように、「曲線を関数として表す」ということがよく行われます。確率密度曲線もこの例に漏れず、その曲線を表す関数は**確率密度関数**と呼ばれるのです。画数の多い漢字ばかりで、いやになります。

Column 6

恐るべき？正規分布の式

正規分布の曲線を表す関数は、その曲線の美しい姿に似合わず

$$f(x) = \frac{1}{\sqrt{2\pi}\,\sigma} e^{-\frac{(x-\mu)^2}{2\sigma^2}}$$

という、恐ろしい形をしています。μ は平均値、σ は標準偏差です。したがって、μ が変われば分布位置が変わるし、σ が変われば左右へのばらつきの程度が変わります。下の図のようにです。

前記の式は、もちろん確率密度関数の一種です。この式は天才ガウス先生の発見したものですが、実用上は、この式を覚える必要はまったくありません。

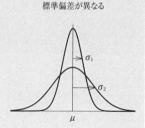

平均値が異なる　　　　標準偏差が異なる

正規分布の美しき性質

確率分布としての正規分布は，きれいな山型の曲線の中に，1 だけの確率が均一な密度で詰まっているのでした。したがって，ある事象が起きる確率は，その事象が正規分布の曲線の内側に占める面積で表される，という理屈です。

図2-5を見ていただけますか。この図は，「平均値がμで，標準偏差がσの正規分布」を描いたものです。実は，このような正規分布は

$$N(\mu, \ \sigma^2) \tag{2.1}$$

と略記する習慣があります。

なぜカッコの中にσではなく，σ^2を書くかについては，間もなく合点がいくでしょう。また，NがNormal distribution（正規分布）のイニシャルであることは，いうに及びません。

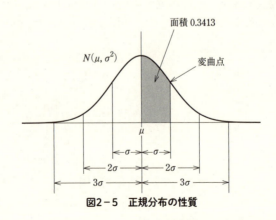

図2-5　正規分布の性質

第2章　ノーマルとアブノーマルの科学

なお，正規分布 $N(\mu, \sigma^2)$ の中でもとくに $N(0, 1)$（つまり $\mu=0$, $\sigma^2=1$ を満たす正規分布）には，**標準正規分布**という格別の名前がついています。正規分布を式変形により標準正規分布に直すと，計算しやすくなることもあります。

図2-5から読みとれるように，正規分布の曲線は，中央あたりでは凸形，両すそでは凹形の曲線を描きますが，凸形から凹形に変わる点（変曲点といいます）が，中心からちょうど σ だけ離れた位置にあるのも興をそそり，造形の美をうかがわせます。

そして，ここが肝心なところなのですが，平均値 μ の片側に σ の幅を切りとると，その幅の中に 0.3413 だけの面積が含まれます。それは，どのような正規分布についても（μ と σ の値にかかわらず）同じです。

さらに，切りとる幅の大きさにつれて，その幅に含まれる面積が**表2-2**のように決まります。このような数表は，Z の位置を細かく刻んで詳細に作られていて，いろいろな場面

表2-2　正規分布の値

Z	着色部の面積
0	0.0000
0.5	0.1915
1.0	0.3413
1.5	0.4332
2.0	0.4772
2.5	0.4938
3.0	0.49865
∞	0.50000

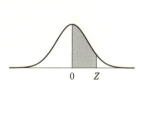

ただし，Z は標準偏差 σ に対する倍数

で利用されます[*3]。

 上記のように,統計の世界では,大文字の Z は標準偏差 σ に対する比を表すのがふつうです。たとえば,身長の平均が $\mu = 170$cm で標準偏差が $\sigma = 6$cm の集団がある場合,$Z=1$ は μ から σ だけずれた場所,つまり身長 176cm を表します。この Z を**標準化変数**と呼ぶこともあります。

いっちょ,実例を見ていただきましょうか。

実例で考えましょう2-1

日本の青年男子の身長は,平均が170cm,標準偏差が6cmくらいの正規分布をしているそうです。きざっぽく書けば

$$N(170\text{cm}, (6\text{cm})^2) \tag{2.2}$$

の分布をしているというのです。
そこで,明朝,まっさきに見かける青年男子の身長が
① 170cm 以上である確率
② 185cm 以上のノッポである確率
③ 印象に残らない身長(164〜176cm)である確率
の,それぞれを求めてください。

[**答えはこちら→**] 青年男子の身長の分布を図示すれば,

---

*3 Z の値を 0.01 刻みにした正規分布の数表を,付録❸に載せてあります。

第2章　ノーマルとアブノーマルの科学

図2-6のようになっています。もっと正確にいえば、横軸がcmを単位とする身長の分布を、横軸が標準偏差（6cm）を単位とする正規分布の曲線と重ね合わせたものが、図2-6です。それなら……。

① 170cm以上である確率は、中心線より右側にある正規分布の面積ですから、表2-2で確認するまでもなく0.5です。

② 185cmは、平均値170cmより15cmも大きい値であり、その差は、標準偏差6cmの2.5倍に相当します。では、平均値より標準偏差の2.5倍以上も大きい確率は、いくらあるでしょうか。表2-2を見ていただくと、Zが2.5のときに着色部の面積が0.4938ですから、着色されずに右すそに残っている面積は

$$0.5 - 0.4938 = 0.0062 \qquad (2.3)$$

にすぎません。したがって、身長が185cm以上である確率は、わずか0.62％です。

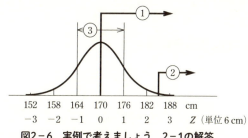

図2-6　実例で考えましょう　2-1の解答

77

③　164〜176cmは，平均値の両側に6cmずつの幅，すなわち，標準偏差の1倍の幅をとった領域です。表2-2によれば，平均値の片側に標準偏差ぶんの幅をとると，その面積は0.3413ですから，両側なら

$$0.3413 \times 2 = 0.6826 \qquad (2.4)$$

となり，青年男子のほぼ68％の身長が164〜176cmの間にあることがわかりました。だから印象に残らないのですね。

Column 7 ±3σ(シグマ)という感覚が重要

　平均値の両側に標準偏差(σ)の3倍ずつの幅をとると，その範囲に全体の99.73％が含まれ，その範囲からはみ出すのはわずか0.3％弱です。つまり，1000に3つもない珍事です。
　このような珍事が起きたら，「これは例外的な現象だ」とみなして無視するか，「特異な現象だから要注意」と考えて対策をとるかの，どちらかでしょう。品質管理では，製品の寸法や重さなどを測りながら，このような観点から管理するのが基本です。
　統計解析の実務に携わる人々の仲間うちでは，「彼は3シグマからはみ出ているから……」などと，敬遠することもあります……。

恨みも深し，5段階評価

　正規分布が私たちの身近に使われている例をひとつ，ご紹介しておきましょう。
　人間の知能や学力が正規分布をすることを前提とした評価法といえば，学校教育に広く採用されている5段階評価を思

第2章　ノーマルとアブノーマルの科学

い出す方も多いでしょう。その原理は、**図2-7**のとおりで、改めて付言する必要もないと思います。

「5」の評価がつくのは全体の約7％、「3」がつくのは約38％、というように、ある評価に該当する人数の割合があらかじめ決まっているのが、5段階評価の特徴です。こうした評価法を、**分布制限つきの評価**などといいます。

　この評価法は、教育という観点からはいろいろな意見もあると聞きますが、学力などを相対的に評価する技法としては、一応の筋が通っています。評価の技法として欠点があるとすれば、それは、2点と3点と4点の範囲については能力が等間隔に区分されているのに、1点と5点の領域の幅が広いことです。それぞれ、学力にかなりの差がある生徒たちが同じ点数で評価されてしまうことでしょう。

　この欠点を取り除くのは簡単です。5段階評価の両すそをさらにσの幅で刻んで、0点と6点の領域を新設すれば、評価の物差しはほとんど等間隔に並びます。**図2-8**のようにです。

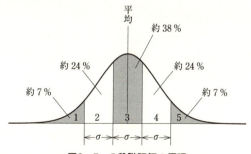

図2-7　5段階評価の原理

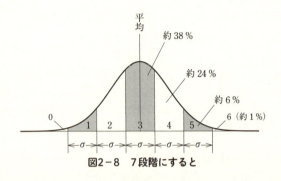

図2-8　7段階にすると

　実は、このような7段階評価は、現実に使われた実績があります。その一例として、知能の7段階評価の区分を**表2-3**に載せておきますので、ごらんください。評価の物差しという観点だけから見れば、5段階評価より7段階評価のほうが優れているといえるでしょう。

　それにもかかわらず、学校教育の現場で7段階評価が使われないのは、きっと、教育上の配慮なのでしょう。6点を与えられる生徒は100人に1人ですから、6点をもらった生徒が舞い上がって天狗になってしまうことが心配です。

　もっと心配なのは、0点をつけられた生徒のほうです。2点や1点をつけられた生徒でさえ、「並の下」を「波の下」ともじって潜水艦などと冷やかされているというのに、0点などをつけられた日には、勉強の意欲など、ハイ、サヨナラとなるにちがいありません。こういうわけで、学校教育では6点や0点を含まない5段階評価に徹しているのでしょう。

　余談ですが……。分布制限つきの能力評価という概念が普及していなかった数十年前までは、先生方の主観によって、

表2-3 知能の7段階

区分	知能指数	割合(%)
最上知	141〜	1
上知	125〜140	6
平均知上	109〜124	24
平均知	93〜108	38
平均知下	77〜 92	24
下知	61〜 76	6
最下知	〜 60	1

辰野千寿ほか編『測定と評価の心理』(実践教育心理学5, 教育出版, 1981)から抜粋

生徒に甲，乙，丙という評価がつけられ，乙だけが並んだ通称「あひるの行列」が，もっとも平凡な成績であったと記憶しています。

もっとも，現在でも分布制限つきの5段階評価にこだわらない，いろいろな評価が使われています。A，B，Cの3段階評価の場合にはエビ固め（ÃとB̃ばかり）が自慢だったり，優，良，可の場合にはユーレイ（優がない）と僻んだりすると聞きますが……。

2.3
正規分布どうしの算術

まずは，引き算

色気がありそで，なさそな話に付き合っていただきます。

ここに，若い男性の集団がいると思ってください。身長は

$$N(170\text{cm}, (6\text{cm})^2) \qquad (2.2)\text{ と同じ}$$

という正規分布をしています。さらに，若い女性の集団もいます。そして，身長は，

$$N(160\text{cm}, (5\text{cm})^2) \qquad (2.5)$$

という正規分布をしていることにしましょう。

　さて，男性の集団から（乱数表かなにかを使って）無作為に1人を選び出してみます。同時に，女性の集団からも無作為に1人を選びます。

　1人の男と1人の女，いかにも，なにかおもしろいことが起こりそうな筋書きですが，「事実は小説よりも奇」ではありません。2人は身長を測られるだけです。そして，2人の身長の差だけが記録されます。

　かりに，男性の身長が168cm，女性のほうが159cmだったとすると，

$$168 - 159 = 9\text{cm}$$

の，「9」だけが記録されます。2人はもとの集団へ戻されて，用ずみです。

　このような色気のない作業をつぎつぎに繰り返すと

　　男性の身長 − 女性の身長 ＝ 男女の身長差

男女1人ずつ身長を測り、両者の差を計算。色気のない作業です

のデータがどんどん記録されていきます。多くの場合は男性のほうの背が高いので、データはプラスの値になるでしょうが、ときには女性が高くてマイナスの値になることもありそうです。

$$9, \ 3, \ 12, \ -2, \ 4, \ \cdots$$

のようにです。

さて、このようにして集められた「差の値」は、どのような分布をするのでしょうか。もともと平均的には男性のほうが10cmも高いのですから、差も10cmくらいになることが多そうです。

とはいうものの、男性のほうが極端に大きいこともまれなので、40cmとか50cmというような値は少ないでしょう。また、女性のほうが大きい場合でも、20cm以上もの差があることはほとんどなさそうですから、−20cmより小さい値も少ないでしょう。

どうやら，男女の身長差は，10cmくらいを中心にして正規分布をするように思えてきました。
　そのとおりです。男女の身長差は，単位を省略して書くと

$$
\begin{aligned}
&N(170-160,\ 6^2+5^2) \\
&= N(170-160,\quad 61\ ) \\
&\fallingdotseq N(\quad 10\quad,\quad 7.8^2\ )
\end{aligned}
\tag{2.6}
$$

くらいの正規分布をすることが知られているのです。

おつぎは，足し算

「知性がもつ特質のひとつは好奇心である」（サミュエル・ジョンソン）といいます。前の項で，2つの正規分布から別々に取り出した値の「差」も正規分布することを知った以上，「和」がどうなるかを知らずにおくわけにはいきません。「和」のほうも簡単です。

$$N(170,\ 6^2)\quad と\quad N(160,\ 5^2)$$

の2つの正規分布から1つずつの値をランダムに取り出して，その2つの和を作るという作業をくり返すと，それらは

$$
\begin{aligned}
&N(170+160,\ 6^2+5^2) \\
&\fallingdotseq N(\quad 330\quad,\quad 7.8^2\ )
\end{aligned}
\tag{2.7}
$$

の正規分布をすることが知られています。

第2章 ノーマルとアブノーマルの科学

式（2.7）と式（2.6）の性質を一般論として書けば，つぎのようになります。

2つの正規分布

$$\left.\begin{array}{l} N(\mu_1,\ \sigma_1^2) \\ N(\mu_2,\ \sigma_2^2) \end{array}\right\} \tag{2.8}$$

があるとき，両方の分布から1つずつの値を取り出して，両者を加え合わせた値を作り，そのような値をたくさん集めると，それらは

$$N(\mu_1+\mu_2,\ \sigma_1^2+\sigma_2^2) \tag{2.9}$$

で表される正規分布をします。また，式（2.8）の両方から1つずつの値を取り出し，前者から後者を差し引いた値をたくさん集めると，それらは，

$$N(\mu_1-\mu_2,\ \sigma_1^2+\sigma_2^2) \tag{2.10}$$

の正規分布を作り出します。**図2-9**のようにです。

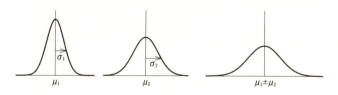

（1つの値）±（1つの値）＝ $N(\mu_1\pm\mu_2, \sigma_1^2+\sigma_2^2)$

図2-9　正規分布の足し算と引き算

平均が,足し算の場合は$\mu_1+\mu_2$,引き算の場合は$\mu_1-\mu_2$になるのはわかりやすいのですが,標準偏差がどちらの場合も$\sigma_1^2+\sigma_2^2$という2乗どうしの合計になることを証明するには,かなりやっかいな数学が必要です。とりあえずは,この結果だけをご記憶いただくことをおすすめします。

式(2.9)と式(2.10)の性質は,**正規分布の加法性**といわれて,広い応用範囲を誇っています。

実例で考えましょう2-2

若い男性の身長が$N(170cm,(6cm)^2)$で正規分布し,若い女性の身長が$N(160cm,(5cm)^2)$の正規分布をするとします。この場合,男性の身長－女性の身長の値は

$$N(10cm,(7.8cm)^2) \qquad (2.6)もどき$$

の正規分布をするのでした。では,偶然に出会った1組の男女の場合,女性のほうが背が高い確率はどのくらいでしょうか。

[**答えはこちら→**] 身長差は,**図2-10**のように,10cmを中心にして,7.8cmの標準偏差で正規分布しています。

そして,女性のほうが背が高いということは,身長差がマイナスの値であるということです。その確率は,図に示すように,平均値より標準偏差の1.28(＝10cm/7.8cm)倍以上も左すそのほうへ偏った範囲の面積で表されます。そして,正規分布は左右が対称ですから,その面積は「平均値から右

第2章 ノーマルとアブノーマルの科学

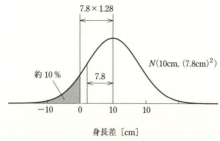

図2-10 ちょっとした応用問題です

側へ標準偏差の1.28倍以上離れた値までの範囲の面積」と同じです。

それなら，表2-2の値が使えるはずですが，この表には，1.28という半端なZの値は載っていません。

そこで，巻末の付録❸の本格的な正規分布表を見ていただけますか。Zが1.28のところを引くと0.3997となっています。この値は図2-10の正規分布の左半分のうち，着色していない部分の面積ですから，着色部の面積は

$$0.5 - 0.3997 = 0.1003 \fallingdotseq 0.1 \qquad (2.11)$$

です。こうして，女性のほうが背が高い確率は約10％であることが判明しました。

実例で考えましょう2-3

長さが異なる2つのブロック①と②があるとしましょう。それぞれのブロックの長さを正確に測りたいと思います。

測り方には2つの方法が思いつきます。「その1」は、図2-11の左半分のように、1回めには①の長さl_1を、2回めには②の長さl_2をそれぞれ測るだけのことで、なんの変哲もありません。

これに対して、図2-11の右半分「その2」の測り方は、ちょっとユニークです。1回めには両ブロックを継ぎ足した全長を測り、Rという値を得ます。つぎの2回めには①と②の差を測って、rという値を読みとります。そうすると

$$\left.\begin{array}{l} R = l_1 + l_2 \\ r = l_1 - l_2 \end{array}\right\} \tag{2.12}$$

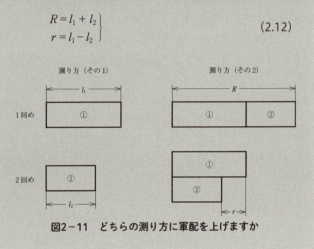

図2-11　どちらの測り方に軍配を上げますか

ですから，この両式を連立して解けば

$$\left.\begin{array}{l} l_1 = \dfrac{R+r}{2} \\ l_2 = \dfrac{R-r}{2} \end{array}\right\} \tag{2.13}$$

として，①と②の長さが求められる理屈です。

そこで問題です。測り方の「その1」と「その2」とでは，どちらの誤差が小さいでしょうか。

[答えはこちら→] l_1, l_2, R, r を直接測定するときに発生する誤差の可能性はほぼ等しいので，それらの分布を，いずれも

$$N(0, \ \sigma^2) \tag{2.14}$$

としましょう。そうすると，測り方「その1」で発生する誤差は，l_1 についても l_2 についても式 (2.14) のままです。

いっぽう，測り方「その2」のほうでは，R と r について $N(0, \ \sigma^2)$ の誤差が発生するのですが，その後，式 (2.13) によって l_1 と l_2 が計算されます。この計算の過程で，誤差の分布はどうなっていくでしょうか。

$$l_1 = \frac{R+r}{2} \qquad (2.13) \text{の一部}$$

を見ていただくと，R も r も $N(0, \ \sigma^2)$ の誤差を伴う値ですから，右辺分子の $(R+r)$ は，正規分布の加法性によって

$$N(0, \sigma^2 + \sigma^2) = N(0, 2\sigma^2) \tag{2.15}$$

の誤差を伴う値です。つまり，誤差の標準偏差は

$$\sqrt{2\sigma^2} = \sqrt{2}\,\sigma \tag{2.16}$$

です。ところが，l_1を求めるためには$(R + r)$を2で割りますから，そのときに，それに付随する誤差の標準偏差も半分になり

$$\frac{\sqrt{2}\,\sigma}{2} = \frac{\sigma}{\sqrt{2}} \tag{2.17}$$

となってしまいます。すなわち，こうして算出したl_1に伴う誤差は$\sigma/\sqrt{2}$にすぎず，測り方「その1」に伴う誤差よりも小さいことが判明しました。l_2のほうについても同様です。■

ところで，なぜ，ややこしい測り方「その2」のほうが単純明快な「その1」よりも誤差が小さいのでしょうか。それは，①の長さの情報も②の長さの情報も，「その1」では1回ずつしか参加していないのに，「その2」では2回ずつ参加しているから……ということでしょう。

なお，ここでは2つの長さを測る場合を例にとりましたが，2つの重さなどを測るときにも同様な原理が利用できますから，実験や測定の現場で，ぜひ，利用してみてください。

標本をたくさんとれば，平均値の分布は？

色気のない話がつづきます。母集団（1.1節参照）からランダムにn個の標本を取り出して求めた平均値は，どのよう

な分布をするでしょうか。もちろん，n個の標本を取り出してその平均値を求めるという作業を繰り返すと，求められたたくさんの平均値は，どのような分布を作り出すだろうか，という意味です。

この問題は，ちっともむずかしくありません。まず，

$$N(\mu, \sigma^2)$$

の母集団から1個の標本を取り出す場合を考えてください。この1個の値は，母集団の山の形をした正規分布のどこから取り出されるかが平等なのですから，やはり

$$N(\mu, \sigma^2) \tag{2.18}$$

の分布をします。つづいて2個めの標本を取り出すと，それも同じ理由で

$$N(\mu, \sigma^2) \tag{2.19}$$

の正規分布をするでしょう。

では，式 (2.18) と式 (2.19) の 2 個の標本の平均値は，どのような分布をするでしょうか。平均を求めるには，両方の値を加えて 2 で割ればいいのですから簡単です。まず，両方を加えた値の分布は，式 (2.9) を参考にすれば

$$N(\mu + \mu, \ \sigma^2 + \sigma^2) = N(2\mu, \ 2\sigma^2)$$
$$= N(2\mu, \ (\sqrt{2}\,\sigma)^2) \quad (2.20)$$

です。つづいて2で割りましょう。2で割るということは、分布の中心2μと、標準偏差の大きさ$\sqrt{2}\,\sigma$を、ともに2で割るということですから、2で割った分布は

$$N(\mu, \ (\sigma/\sqrt{2})^2) \quad (2.21)$$

となります。これが、2つの標本の平均値の分布であることは明らかです。

これをもとの分布の式(2.18)や式(2.19)と比べてみてください。分布の平均値は変わらず、標準偏差が$1/\sqrt{2}$に縮んでいるのがわかります。

さらに、標本が3つにふえたら、どうなるでしょうか。ぶっきらぼうに書くと、つぎのとおりです。

3つの標本の和の分布は、2つの標本の和の分布と、1つの標本の分布から1つずつの値を取り出して、加え合わせた値の分布ですから、式(2.20)と式(2.19)の辺々を加え合わせて

$$N(2\mu + \mu, \ 2\sigma^2 + \sigma^2) = N(3\mu, \ 3\sigma^2) \quad (2.22)$$

です。それなら、3つの標本の平均値の分布は、この式に書き込まれている平均値3μと、標準偏差$\sqrt{3}\,\sigma$を、それぞれ3で割って

第2章 ノーマルとアブノーマルの科学

$$N(\mu, (\sigma/\sqrt{3})^2) \tag{2.23}$$

で示されることになります。

あとは同様に考えていけば、n個の標本の平均値は

$$N(\mu, (\sigma/\sqrt{n})^2) \tag{2.24}$$

の分布をすることに、合点していただけることと存じます。

 nをふやしていけば、標準偏差は$\sqrt{n}$に反比例して、小さくなることがわかります。標本の個数をふやせばふやすほど、それらの平均値は真の値に近づいていきそうなものですから、これは理の当然というものです。

実例で考えましょう2-4

日本の若い女性の身長は、ほぼ

$$N(160\text{cm}, (5\text{cm})^2)$$

の正規分布をしているそうです。若い女性を10人集めて、その平均身長を求めると、その値はどのような分布をするでしょうか。

[答えはこちら→] なんのこともありません。式 (2.24) のμに160を、σに5を、nに10を代入すればいいだけです。
すなわち、10人の平均身長は

$$N(160,\ (5/\sqrt{10})^2) \fallingdotseq N(160,\ 1.58^2) \tag{2.25}$$

の正規分布をします。Column7を参考にすれば,10人の平均身長が

$$160 \pm 1.58 \times 3 \fallingdotseq 155.3 \sim 164.7 \text{cm}$$

の範囲からはみ出すことは,1000に3つの珍事だということです。

第 3 章

ウナギ捕りから推測統計へ

推定という知的な作業

3.1
ウナギで味わう推定のだいご味

　前の章では，若い男女が登場して，色気のありそでなさそな話がつづきましたが，こんどは食い気のほうに移ります。

　ウナギは美味で栄養価も高いので，日本でも古くから食用にされ，『万葉集』にも

　　　石麻呂にわれ物申す夏やせに
　　　　良しという物ぞうなぎとり食せ

という大伴家持（718頃～785）の歌が載っているそうです。ただし古語では，うなぎではなく，むなぎといわれていたようですが……。

　ところで，ウナギの養殖は相当に神経を使うと聞きます。体の大きさに差があると共食いをしたりもするので，体重の状況に合わせた餌の与え方などに熟練が要るのだそうです。

　そこで，ときどき，なん匹かのウナギを捕らえて体重を測り，ウナギ全体の体重の現状を把握しなければなりません。つまり，1.1節の用語を借りれば，**いくつかの標本を調べて，母集団の性質を推測する**必要があるのです。このような推測方法を，統計の世界では**推定**と呼んでいます[*1]。

　さっそく，1匹のウナギを捕らえて体重を測ってみると，

$$280 グラム$$

でした。この結果によって養殖池にいるウナギの平均体重を推定するとしたら、どうすればいいでしょうか。

これに対しては2通りの考え方がありそうです。1つめは、

「平均体重を推定する手掛かりは、手持ちの"280グラム"というデータしかない。だから、ほかのウナギも、だいたいその程度の重さがあると考えて、平均体重も280グラムとみなすしか仕方がないのではないか」

という、しごく常識的な考え方です。他の1つは、

「私たちは、ウナギの重さは決してマイナスの値にはならないことを知っているし、また、なんトンという重さにもならないという常識ももっている。しかし、そのような常識を捨てて白紙的にいえば、280という値はマイナス無限大からプラス無限大の間のどこからか偶然にこぼれ落ちた1つの値にすぎず、つぎに取り出される値が280に近い保証はまったくないのではないか」

という、ちょっと慎重な考え方です。

実は、推測統計学は原則的に後者の立場をとります。千差万別のあらゆる常識のすべてを包括するような理論は、でき

---

*1 推測と推定は意味がちがいます。推測（inference）は、「手持ちのデータから未知のものを推し測る」という全般的な概念を指しており、推定や検定などさまざまな統計手法をひっくるめたことばです。推定（estimation）は、推測の具体的な手段の1つで、「標本の値をもとに、母集団のもつなんらかの値を求めること」を指します。

るはずがないからです。だから、データが1つしかない場合は、推測統計の手法を適用できないのがふつうです。

こういうわけで、私たちは、2匹のウナギを捕らえて重さを測ってみたところ、

270 と 290（平均 280）

であったとして話をすすめましょう。単位のグラムは省略しました。

単純明快, 平均値の点推定

私たちが入手した標本は270と290で、その平均は280でした。だからといって、ウナギの母集団の平均値が280だという保証はありません。

とはいえ、母集団の平均値が280より極端に大きかったり小さかったりする可能性は低そうですし、また、母集団の平均値が280より大きい可能性と小さい可能性は五分五分で公平です。だから、この際、母集団の平均値は280グラムであると推定することにしましょう。

「母集団の平均値」は、**母平均**と略称されることが少なくありません。母平均は、もちろん（全数調査を行わない限り）神様にしか知ることのできない値です。

このような推定は、推定する値を一点に絞っているので**点推定**といわれます。そして、この平均値の場合、大きいほうにも小さいほうにも意図的には偏らない推定なので、その値は**不偏推定値**と呼ばれています。

知能的な平均値の区間推定

　前の項では、2つの標本が270と290だったので、母集団の平均値は280より極端に大きかったり小さかったりする可能性は少なそうだと書いてきました。これに対して、もし標本が5つもあって

$$270, 275, 280, 285, 290$$

であったら、どうでしょうか。平均は280のままですが、これだけのデータが揃えば、ほんとう（母集団）の平均値が280の近くにあるという自信はいっそう強まるでしょう。
　いっぽう、標本の数がたった2つのままで、その値が

$$80 と 480$$

の場合は、どうでしょうか。平均値は、一応、280ですが、この2つのデータから母集団の平均値が280であるなどと主張するのは気が引けます。
　このように、**データの値から真の（母集団の）値を推定する自信は、データの数が多いほど、また、データのばらつきが小さいほど高まる**ことは、ご想像のとおりです。さらに、その自信のほどを具体的に表現するには、

　　「真の平均値が260～300の間に存在する確率は
　　　95％である」

とでも主張すれば，一段と説得力があるでしょう。このように，真の値が存在すると判断される区間と，その判断の**正解率**とを併記する推定の仕方を，**区間推定**といいます。文字どおり，真の値が存在するであろう区間を推定するからです。

では，このように高等で良心的な推定の仕方を追っていきましょう。少しばかりごみごみしますが，ここが推測統計の真髄ですから，ぜひ，お付き合いください。

標準偏差がわかっていれば

さて，ウナギの集団から無作為に1匹を取り出して重さを測ったところ，

$$280 グラム$$

だったとします。このとき，この集団に属するウナギの平均体重 μ を推定してみてください。もちろん，幼稚な点推定ではなく，区間推定をしていただきたいのです。

ただし，どういうわけか，このウナギ集団の体重の標準偏差 σ は

$$\sigma = 10 グラム \tag{3.1}$$

であることを知っているとします。

> 平均値がわからないのに標準偏差がわかっていることなど，現実の世界ではありえませんが，思考ピラミッドを構築していくためですから，曲げてご了承ください。

第3章 ウナギ捕りから推測統計へ

では、知能的な推理を始めます。**図3-1**を見ていただけますか。

ウナギの重さはμという値を平均値とした正規分布をしていて、その標準偏差のσは10グラムです。そして、私たちが取り出した280グラムの1匹は、この正規分布の中から偶然に取り出された標本です。それなら、この標本が

$$\mu \pm 10 \text{グラム}$$

の範囲から取り出されている確率は、正規分布の性質（2.2節参照）によって68.26％。つまり、約68％です。

ここで、「μ」と「280グラム」の立場を入れ替えてみてください。$\mu \pm 10$グラムの範囲に280グラムの値が含まれている確率が約68％であるなら、280 ± 10グラムの範囲にμが含まれている確率も約68％であるに相違ありません。**図3-2**のように、です。

こうして私たちは、神様しか知ることのできないμの値が、約68％の確率で

$$280 \text{グラム} \pm 10 \text{グラム} \tag{3.2}$$

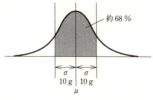

図3-1 $\mu \pm \sigma$に約68％が含まれる

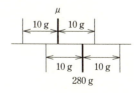

図3-2 立場を変えてみれば

つまり

$$270 \sim 290 \text{グラム} \tag{3.2}'$$

の範囲にあると推測することができました。

以上の推測を，気どって数学らしい言葉で書くと，「無作為に取り出された1つの値をx_i，母集団の標準偏差をσとすれば，真の（母集団の）平均値μは，約68％の確率で

$$x_i \pm \sigma \tag{3.3}$$

の範囲にあると推測できる」……ということになります。

このように，真の値が存在する区間を推定することが，**区間推定**です。そして，推定された区間のことを**信頼区間**，その区間の両端を**信頼限界**，信頼区間の中に真の値が存在する確率を**信頼度**あるいは**信頼係数**といいます。私たちの例でいえば，単位を省略すると

$$\left. \begin{array}{ll} \text{信頼区間} & 270 \sim 290 \\ \text{信頼限界} & 270 \text{および} 290 \\ \text{信頼度} & 68\% \end{array} \right\} \tag{3.4}$$

ということでした。ウヒャー，ややこしい。

 区間推定の用語は英語で使われることが多いので，英訳をつけておきます——**区間推定**：interval estimation, **信頼区間**：confidence interval, **信頼限界**：confidence limit, **信頼度**（または**信頼係数**）：confidence coefficient。

Column 8
統計数学で、ふつうに使われる記号

母集団
(真の姿は神のみぞ知る)
- 平均 　　　μ
- 標準偏差　σ
- 分散 　　　σ^2

標本
(母集団の姿を知るために)
- 平均 　　　$\bar{x}$
- 標準偏差　s
- 分散 　　　s^2, V

ただの数値の集団
- 平均 　　　$\bar{x}, m$
- 標準偏差　σ, s

5％のミスは、がまんしよう

ところで、信頼区間と信頼度の間には、密接な関係があります。信頼区間の幅を広げれば、その範囲に μ が含まれる確率は大きくなります。捜索範囲を広げれば、その中に犯人(ホシ)がいる確率が大きくなるように、です。そして、その関係は、表2-2（2.2節）や巻末の数表を参照していただければ合点できるように

$$\left.\begin{array}{lll} x_i \pm \sigma & \text{の間に} & \text{約 68.3 \%} \\ x_i \pm 1.96\,\sigma & \text{の間に} & \text{約 95 \%} \\ x_i \pm 2\,\sigma & \text{の間に} & \text{約 95.5 \%} \\ x_i \pm 3\,\sigma & \text{の間に} & \text{約 99.7 \%} \end{array}\right\} \quad (3.5)$$

の確率で μ が含まれます。だから、信頼区間を $x_i \pm \sigma$ とすれ

ば信頼度が約68％だったわけです。

これらの関係のうち，統計解析においてもっともよく使われるのは

$$x_i \pm 1.96\,\sigma \quad \text{の間に} \quad 約95\% \tag{3.6}$$

という値です。たとえば，私たちが知りたいウナギの体重の平均値 μ を95％の信頼度で区間推定すれば

$$\begin{aligned} x_i \pm 1.96 \times 10 &= 280 \pm 19.6 \\ &= 260.4 \sim 299.6 \text{グラム} \end{aligned} \tag{3.7}$$

となります。

なぜ「95％」という値を特別に選んだかというと，その理由はつぎのとおりです。

推定を行うさい，信頼区間を広くとれば，その中に真の値が含まれている確率（信頼度）は高くなりますが，広すぎる範囲で推定しても，実用上の価値はありません。

たとえば極端な話，信頼度を100％にするには，マイナス無限大からプラス無限大までを信頼区間に定める必要がありますが，これは「無限にある実数のうちのどれかが必ず真の値だ」という当たり前の事実を述べたにすぎませんから，実用上はなんの役にも立ちません。信頼区間を広くとると信頼度は上がるが，実用上の価値は下がるとは，そういうことです。

そこで，実用上の価値を高めるために信頼区間を縮めようとすると，こんどは信頼度が低下してしまいます。だから，

どこかに妥協点を見つけなければなりません。

その妥協点としてもっとも広く用いられている基準が,「信頼度95％」なのです。つまり,5％の確率で推定が誤ることを覚悟のうえで,信頼区間を推定しようというわけです。したがって,この5％(100％から信頼度を引いた値)のことを**危険率**と呼ぶこともあります。推定が誤る危険のことだからです。

なお,推定が誤る確率が5％もあるといっても,正規分布の両側を見ていただければわかるように,外れた5％の面積の多くの部分が推定区間のごく近くにあること,つまり,外れたとしても少ししか外れていないことが多いのも救いでしょう。

推定を誤る確率が5％も許されていいのか,という判断はケース・バイ・ケースでしょう。しかし,いちいち迷っていてはきりがないので,一般的な統計的推定では危険率を5％(信頼度95％)にするのがふつうです。

とくに高い信頼度が求められる場合は,危険率を1％(信頼度99％)にすることもあります。人の命にかかわる場合などには,危険率をもっと小さくする必要があるかもしれません。

標本の数を2つにふやせば

私たちは,ウナギの集団から無作為に1匹を取り出したところ,その体重が280グラムであったとし,また,ウナギ集団の体重の標準偏差σが10グラムであるとして,ウナギ集団の平均体重は,信頼度68％において270〜290グラムの間にあると区間推定したのでした。

こんどは、同じく標準偏差 σ が10グラムのウナギの集団から、無作為に2匹の標本を取り出したところ、その体重の平均値 $\bar{x}$ が280グラムであったとしましょう。このとき、ウナギ集団の体重の真の平均値 μ は、どのように区間推定されるでしょうか。

そっと前章を見ていただくと、

$$N(\mu,\ \sigma^2) \qquad (2.18) \text{と同じ}$$

から取り出された2つの標本の平均値は

$$N(\mu,\ (\sigma/\sqrt{2})^2) \qquad (2.21) \text{と同じ}$$

という分布、つまり、平均値が μ で、標準偏差が $\sigma/\sqrt{2}$ の正規分布をするのでした。すなわち、標本が1つのときに10グラムであった標準偏差が、2つの標本の平均値のときには

$$10/\sqrt{2} \fallingdotseq 7.07 \text{グラム}$$

に減少することになります。

そうすると、信頼区間はどうなるでしょうか。式 (3.6) の x_i に280グラム、σ に7.07グラムを代入すれば、μ の95%信頼区間は

$$\begin{aligned} 280 \pm 1.96 \times 7.07 &\fallingdotseq 280 \pm 13.9 \\ &= 266.1 \sim 293.9 \text{グラム} \end{aligned} \qquad (3.8)$$

になることがわかります。

この値を，標本がたった1匹しかなかったときの区間推定の値（式 (3.7)）と比べてみていただけませんか。標本の数がふえると，推定の幅が狭くなる，つまり，推定の精度が向上することが確認できるではありませんか。

標本がもっともっと多ければ

標本の数が1つから2つにふえると，母集団の平均値（母平均）を推定する区間の幅が$1/\sqrt{2}$に狭まるので，そのぶんだけ推定の精度が高まったのでした。では，標本の数がさらに，3個，4個，……，n個と増加していったら，どうなるでしょうか。

その答えは簡単です。前章を参照していただくと，標本の平均値の分布の標準偏差は$1/\sqrt{3}$, $1/\sqrt{4}$, …, $1/\sqrt{n}$に減っていきますから，これに比例して推定の精度が向上していくにちがいありません。

したがって，母集団の標準偏差σがわかっているなら，n個の標本の平均値を$\overline{x}$とすると，母集団の真の平均値μは，95％の信頼度で

$$\mu = \overline{x} \pm 1.96 \frac{\sigma}{\sqrt{n}} \tag{3.9}$$

と推定できるというわけです。なお，1.96のところを1とすれば信頼度が68.3％に低下するし，2あるいは3とすれば95.5％あるいは99.7％に向上することは，式 (3.5) によって明らかでしょう。

式 (3.9) の関係は，「要求される精度で平均値を得るため

n匹のウナギを測れば，区間の幅は$1/\sqrt{n}$倍になって，精度が向上する

には，なん個のデータを観測すればよいか」という問いに答える基本となり，自然科学の実験にも社会科学の調査にも，ひんぱんに現れます。簡単な実例で見てみましょう。

実例で考えましょう3-1

標準偏差σが5であることがわかっているのに，平均値μが不明という，信じられないような母集団があります。μの95％信頼区間を，幅±2以下で求めたいのですが，標本の数nをいくつ以上にする必要があるでしょうか。

［答えはこちら→］式 (3.9) の右辺第2項を幅±2以下に抑えたいのですから

$$1.96\frac{5}{\sqrt{n}} \leq 2$$

とすればいいはずです。これを解けば

$$1.96 \times 5/2 \leq \sqrt{n}$$
$$\text{から} \quad 24.01 \leq n$$
$$\text{ゆえに} \quad n \geq 25 \text{個}$$

が必要，という答えになります。 ■

3.2
平均値をt分布で推定してみよう

　前の節では，いくつかの標本の値を頼りに母集団の平均値 μ を区間推定するに当たって，どういうわけか，母集団の標準偏差 σ の値をすでに知っているものとして話をすすめてきました。

　しかしながら，現実の問題としては，平均値さえわからないのに標準偏差だけわかっていることなど期待できません。そこで，こんどは，**μ も σ も知らない母集団から採取したいくつかの標本を頼りに，母平均 μ を区間推定する**手順を追っていこうと思います。

　さて，どこから手をつけたらいいでしょうか。まっさきに思いつく手は，標本から求めた標準偏差 s を母集団の標準偏差 σ の代わりに使って，前節と同じ手順で μ を区間推定する

ことです。

母集団の標準偏差(全数調査しないとわからない)をσと書くのに対し、標本から求めた標準偏差(取得ずみの標本から計算できる)は記号sで表すのがふつうです。σを**母標準偏差**, sを**標本標準偏差**と呼ぶこともあります。

ところが、単純にsをσの代わりに使うのは、標本の数が少ない(30以下くらい)場合には、誤差が大きすぎて、うまくありません。なぜ誤差が生じてしまうかというと、つぎのとおりです。

一例として、平均値も標準偏差もわからない正規分布する母集団から、2つの標本を取り出すとします。その値が

$$3, 7$$

であったとしましょう。この2つの値の平均値$\bar{x}$は

$$\bar{x} = (3+7)/2 = 5 \tag{3.10}$$

ですから、標準偏差sは

$$s = \sqrt{\frac{(3-5)^2 + (7-5)^2}{2}} = 2 \tag{3.11}$$

となります。平均値が5であるとして計算するとこうなるのですが、しかし、この5はたった2個の標本から求めた平均値ですから、あまり信用できません。

もしも、ほんとうの平均値が5ではなく、それより大きい

第3章 ウナギ捕りから推測統計へ

6であったとしたら，標準偏差sはどうなるでしょうか。

$$\sqrt{\frac{(3-6)^2+(7-6)^2}{2}}=\sqrt{5}\fallingdotseq 2.24$$

となって，式（3.11）より少し大きな値になります。また，ほんとうの平均値が5よりも小さな3であった場合にも

$$\sqrt{\frac{(3-3)^2+(7-3)^2}{2}}=\sqrt{8}\fallingdotseq 2.83$$

となり，式（3.11）より大きな値になります。

このように，ほんとうの平均値が5でないとすれば，5より小さい場合と5より大きい場合のどっちへ転んでも，平均値を5として求めた標準偏差

$s=2$ （3.11）の一部

よりは大きな値になっているのです。このように，$s=2$は，母集団の標準偏差を示す値としては小さく見積もりすぎていることは明らかです。

このように，真の標準偏差に対して見積もりが小さすぎる（大きすぎる）ものを「偏りのある推定値」といいます。後述の「不偏推定値」の反対語です。

それもそのはず，式（3.11）のような計算の仕方では，2つの値との差を2乗した値の合計がもっとも小さくなるように，いわば，標本が自分たちだけで勝手に平均値を決めてしまっているのですから……。

これが分散の不偏推定値だ

式（3.11）のように標本の平均値$\bar{x}$を使って標本の標準偏差sを計算すると，算出されたsは，母集団の標準偏差σよりも小さいほうへ偏ってしまうのでした。実は，この偏りの程度は理論的に調べられていて，σの偏りのない推定値（**不偏推定値**といいます）を求めることができます。

σの不偏推定値を$\hat{\sigma}$（シグマ・ハットと読みます）とおくと，n個の標本から求めたsと$\hat{\sigma}$との間には，

$$\hat{\sigma}^2 = \frac{n}{n-1}s^2 \qquad (3.12)$$

の関係があることが知られています[*2]。この式を見ると，nが大きければ$n/(n-1)$はほとんど1ですから，σの代用としてsを使っても差し支えありません。たとえば，式（3.9）の代わりに

$$\mu = \bar{x} \pm 1.96 \frac{s}{\sqrt{n}} \qquad (3.9) もどき$$

として，母平均μを区間推定することも許されるでしょう。

しかし，nが小さいとき（30以下程度のとき）には，このような近似式では誤差が大きすぎて実用に堪えません。どうすればいいでしょうか。

[*2] 式（3.12）の証明は，かなり難解です。本書では省略しますが，必要がある方は，たとえば，林周二著『統計学講義 第2版』（丸善，1973）などを参考にしてください。

困ったときの助っ人, t 分布の登場

では, 標本の数 n が少ない場合の平均値の推定に歩をすすめます。ごめんどうでも, σ がわかっているとして, データの平均値 $\bar{x}$ を頼りに, 母集団の平均値 μ を区間推定したときの手順を振り返ってみてください。

図3-3に描いてあるように, $\bar{x}$ は μ を中心にして, $\sigma/\sqrt{n}$ の標準偏差で正規分布をしているとみなせるのでした。そうすると, $\bar{x}$ と μ との間隔 $\bar{x} - \mu$ を標準偏差 $\sigma/\sqrt{n}$ を単位として測った値は

$$\frac{\bar{x} - \mu}{\sigma/\sqrt{n}} \tag{3.13}$$

として読みとれるので, これが

$$N(0, 1)$$

の正規分布に従うとして, 正規分布の数表を利用することが

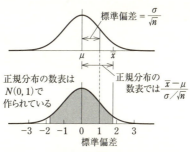

図3-3　正規分布の数表を使う仕組み

できたのでした。

 式 (3.13) を簡単に導いておきましょう。式 (3.9) を見てください。
式 (3.9) では信頼度を 95% に定めるために $\sigma/\sqrt{n}$ を 1.96 倍していましたが、この 1.96 を一般的に Z とおきます。すると、「標本の平均値から両側に、標準偏差の Z 倍だけ広げた範囲内に μ がある」ことは、

$$\mu = \bar{x} \pm Z \frac{\sigma}{\sqrt{n}}$$

と表せるでしょう。これを Z について解くと、式 (3.13) のように

$$\pm Z = \frac{\bar{x} - \mu}{\sigma/\sqrt{n}} \qquad (3.13) もどき$$

が得られる次第です。

ところが、今回は、σ がわかっていません。わかっているのは、σ ではなく、s です。いったい、どうすればいいのでしょうか……。

こうなれば、もう、破れかぶれです。正規分布をする式 (3.13) の σ を s に変えた数表を作ってしまおうではありませんか。

とはいえ、ただ σ に s を代入するのはうまくありません。s が σ より小さいほうへ偏っているぶんも、ついでに修正してしまいましょう。式 (3.12) で導入した不偏推定値 $\hat{\sigma}$ をちょっと拝借して、式 (3.13) で σ の代わりに使わせてもらうことにします。すると、

$$\frac{\bar{x} - \mu}{\hat{\sigma}/\sqrt{n}} \qquad (3.14)$$

になるでしょう。

ここで，式 (3.12) によれば，

$$\hat{\sigma}^2 = \frac{n}{n-1}s^2 \quad \text{ゆえに} \quad \hat{\sigma} = s\sqrt{n}/\sqrt{n-1}$$

(3.12) もどき

ですので，式 (3.14) にこれを代入しますと，

$$\frac{\overline{x}-\mu}{(s\sqrt{n}/\sqrt{n-1})/\sqrt{n}} = \frac{\overline{x}-\mu}{s/\sqrt{n-1}} \quad (=t) \tag{3.15}$$

が得られます。

　式 (3.15) に現れた形の式を，t と名づけます。そして，t がどのような分布をするか（**t分布**）を調べて，数表を作ってしまおうと思います。そうすれば，σ の真の値がわからなくても，標本から求められる s の値を頼りに，μ の区間推定ができるはずではありませんか。

　さて，こうして作り出された t は，どのような型の分布になるのでしょうか。それは，**図3-4**をごらんください。

　まず，標本の数 n が無限に大きいときには正規分布とまったく同じです。また n が30以上もあれば，正規分布と同じとみなして実用上は差し支えないでしょう。

　n が小さくなるにつれて，山の高さが少しずつ低くなって，そのぶんだけ両すそが広くなりつつ，図形の面積は常に1に保たれます。そして，分布の中心線から，ある距離だけ離れた範囲に含まれる面積は，いろいろな n の値ごとに，正規分布のときと同じく詳細に計算されています。

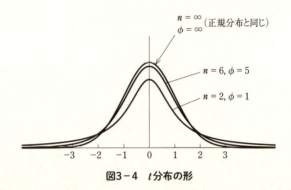

図3-4 t分布の形

 ところで,図の中にϕ(ファイと読みます)という文字が使われていますが,これは**自由度**という,統計解析では重要だけど難解な概念のひとつです。次節以降で補足しますが,とりあえずは

$$\phi = n-1 \tag{3.16}$$

と思っておいてください。

便利で使えるt分布の数表

私たちは,σの真の値がわからなくても,標本から求めたsの値を頼りに,μの値を区間推定しようとしているところでした。そのためには,式(3.15)で表されるtの値の数表が必要なのですが,困ったことに,ϕの値によってt分布の型が異なるので,ϕの値ごとに別々の数表が必要になります。これでは,数表が分厚くなって不便です。

そこで,t分布の数表は,両すそに切り取られる面積が,0.1,0.05,0.01などになるようなtの値に限定するのがふつうです。巻末付録❹のt分布表のようにです(その一部を**表3-1**に示してあります)。こうしておけば,90%,95%,

第3章 ウナギ捕りから推測統計へ

表3-1 t分布表の一部

ϕ ($n-1$)	両すそan面積(確率P)		
	0.1	0.05	0.01
1	6.314	12.706	63.657
2	2.920	4.303	9.925
3	2.353	3.182	5.841
4	2.132	2.776	4.604
5	2.015	2.571	4.032
⋮	⋮	⋮	⋮
10	1.812	2.228	3.169
⋮	⋮	⋮	⋮
∞	1.645	1.960	2.576

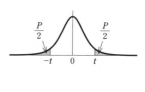

99％などのきりのいい信頼度で，μの区間推定ができるからです。

t分布表の引き方は，正規分布表とは逆になっていることに注意してください。正規分布表では，ばらつきの範囲がわかっているときに，それに対応する確率を調べました。これに対してt分布表では，自由度と確率がわかっているときに，それを満たすようなtを探すのです。

書物によっては，両すそ面積ではなく片すそ面積をt分布表に掲げているものもありますので，ほかの本や数表を見るさいには注意してください。

t分布表を頼りに，μの区間推定を！

t分布表の準備は完了です。さっそく，実技に応用してみようと思います。

前節に，養殖しているウナギの平均体重を推定するために

5匹の標本の体重を測ってみたところ

$$270, \ 275, \ 280, \ 285, \ 290 \ (グラム)$$

だったとしたら……という例示がありましたので，これを使って母集団の平均体重 μ を区間推定してみましょう。

こんどは，母標準偏差 σ はわかりませんが，標本データから標本標準偏差 s を求めることができますから，式 (3.15) が役に立ちそうです。そこでまず，式 (3.15) を使いやすいように

$$\mu = \bar{x} \pm t \frac{s}{\sqrt{n-1}} \tag{3.17}$$

と書き直しておきましょう。

 式 (3.17) はもちろん，「真の平均値 μ は，観測された標本の平均値 $\bar{x}$ を中心とした $\pm t \dfrac{s}{\sqrt{n-1}}$ の範囲内のどこかにあるだろう」という意味です。そして，信頼度95%とは，この推測が95%の確率で当たることを意味します。

そして，**表3-2**を横目で見ながら，しこしこと計算を始めてください。まず，標本の平均値 $\bar{x}$ と標本の標準偏差 s を求めます。

$$\bar{x} = 280 \tag{3.18}$$

$$s = \sqrt{\frac{\sum (x_i - \bar{x})^2}{5}} = \sqrt{50} \fallingdotseq 7.071 \tag{3.19}$$

第3章 ウナギ捕りから推測統計へ

表3-2 計算のお手伝い

x_i	$x_i - \overline{x}$	$(x_i - \overline{x})^2$
270	-10	100
275	-5	25
280	0	0
285	5	25
290	10	100
$\overline{x} = 280$	$\dfrac{\sum (x_i - \overline{x})^2}{5} = 50$	

また、いまの標本の個数は$n=5$ですから、自由度$\phi(=n-1)$は4です。そこで、表3-1から、自由度が4で両すその面積が0.05（危険率5％、つまり、信頼度95％）であるようなtの値を探すと、

$$t = 2.776 \tag{3.20}$$

でした。

というわけで、これらの値を式（3.17）に代入していただくと、

$$\begin{aligned}
\mu &= 280 \pm 2.776 \times \frac{7.071}{\sqrt{5-1}} \\
&= 280 \pm 2.776 \times 7.071 \div 2 \\
&= 280 \pm 9.815 \\
&\fallingdotseq 270 \sim 290 \ (グラム)
\end{aligned} \tag{3.21}$$

となりました。これが母集団の平均値の95％信頼区間です。

🌀 実例で考えましょう3-2

標本が270と290の2つしかない場合について，μ の95％信頼区間を求めて，式（3.21）の値と比較してみてください。

[答えはこちら→] 前出の式（3.18）〜（3.21）に対応する値が，つぎのように求められます。

$$\bar{x} = 280$$
$$s = \sqrt{\frac{(270-280)^2 + (290-280)^2}{2}} = 10$$
$$t = 12.706 \quad （表3-1から）$$

したがって

$$\begin{aligned}
\mu &= 280 \pm 12.706 \times 10/\sqrt{2-1} \\
&\fallingdotseq 280 \pm 12.7 \times 10 \\
&= 280 \pm 127 = 153 \sim 407
\end{aligned} \quad (3.22)$$

ということになりました。

式（3.22）の推定結果を，標本が5つであったときの式（3.21）と比べてみてください。推定の幅が著しく大きくな

第3章 ウナギ捕りから推測統計へ

り，つまり，推定の精度が著しく悪くなっているのがわかります。

その主な原因は，tの値です。表3-1から読みとれるように，$\phi=1(n=2)$のときのtは非常に大きいのです。**標本の数が2に近づくにつれて，真の値を推定する精度が急激に悪くなるということは，調査や実験を計画するときに忘れてはならない基本であります。**

3.3
自由度というやっかい者

t分布に付随して，**自由度**という用語が出てきました。t分布表は標本の数nに対応して作られているのではなく

$$\phi = n-1 \tag{3.16}$$ と同じ

で表される自由度ϕに対応して作られているのでした。標本数nがわかっていれば十分そうなのに，わざわざϕなるものを持ち出す必要がどこにあるのでしょうか。そもそも，自由度ϕとはなんでしょうか[*3]。

[*3] 一般の自然科学では，自由度という用語は，「空間における物体の運動が可能な方向」といった意味合いで使われることが多いようです。たとえば，「大きさのない点の運動の自由度は，上下，左右，前後方向の3つである。大きさのある物体の運動の自由度は，それぞれの方向の回転を加えて6つである」などといいます。統計学では，これとはかなり意味合いが異なります。

実は，自由度はつねに式（3.16）のように，標本の数から1を引いたものではありません。「標本の数から作業に必要な平均値の数を引いたもの」と考えるほうが，汎用性があるのです。しかし，それにしてもわかりにくい概念で，統計解析では最大の難所です。第6章でも再会しますので，ここで補足させていただくことにしました。

自由度の求め方はこのとおり

まず，母集団から6つの標本データを取り出すと思っていただきます。無作為に取り出したところ，標本は

$$5, \ 3, \ 4, \ 8, \ 6, \ 4 \quad （標本A）$$

でした。これら6つのデータは，互いになんの拘束も影響もなく取り出したのですから，それぞれの値は自由を保証されていたはずです。だから，6つのデータを総合すると，6つの自由が確保されていたことになります。こういうとき，この標本のグループの自由度は6である，ということには，なんの違和感もないでしょう。

つぎに，なにかの事情があって，「6つの標本の平均値は5である」と決められていたとしたら，どうでしょうか。この場合は，6つの標本のうち5つめまでは自由に取り出せますが，最後の1つは，平均値を5にするような値でなければなりませんから，標本を自由に選んでいいというわけにはまいりません。

たとえば，

第3章 ウナギ捕りから推測統計へ

　　平均値　$\overline{x_i} = 5$

という条件のもとで6つの標本を自由に取り出し始めたところ，5つめまでが

$$5, 3, 4, 8, 6$$

であったとすれば，最後の標本は4でなければならず，自由に取り出すわけにはいかないというように，です。つまり，この場合の自由度は

(標本の個数)	(平均値の個数)	(自由度)
6	− 1	= 5

(3.23)

で表されることになります。

　つぎの例にすすみます。こんどは，1回めに3つ，2回めにも3つの標本が取り出され，それらが，

$$\left. \begin{array}{l} 1回め \quad 5, 3, 4 \\ 2回め \quad 8, 6, 4 \end{array} \right\} \text{(標本B)}$$

であったと思ってください。これら6つの標本になんの拘束もなければ自由度は6ですし，また，平均値が5であるという条件がつけられれば，自由度が5に減ることは前述のとおりです。

　そこで，こんどは，6つの標本の全平均が5であるという

条件に加えて，1回めに取り出された3つの標本の平均値が4であるという条件が付け加えられたとしましょう。

そうすると，まず，全平均が5であるという条件のために自由度が1つだけ失われます。つぎに，1行めだけに注目すると，平均値が4であるという条件によって，ここでも自由度が1つ失われ，残った自由度は4です。したがって，この場合は

(標本の個数)		(使った平均値の個数)		(自由度)	
6	−	2	=	4	(3.24)

となっています。

　以下，同様にして，使った（与えられた）平均値の個数を1つひとつふやしながら，私たちに残された自由度の数を確かめていただけませんか。どの場合でも

$$\text{標本の個数} - \text{使った平均値の個数} = \text{自由度} \qquad (3.25)$$

であることが確認できるはずです。

　と・ど・の・つ・ま・り・は，標本の個数と平均値の個数が等しい場合です。かりに，6つの標本

$$\left.\begin{array}{ccc} x_1, & x_2, & x_3 \\ x_4, & x_5, & x_6 \end{array}\right\} \quad (\text{標本C})$$

があり，これから独立に作られた6種類の平均が

第3章　ウナギ捕りから推測統計へ

$$\begin{aligned}
\text{全体平均} &= (x_1+x_2+x_3+x_4+x_5+x_6)/6 &&= 5 \\
\text{1行め平均} &= (x_1+x_2+x_3) &&= 4 \\
\text{2行め平均} &= (x_4+x_5+x_6) &&= 6 \\
\text{1列め平均} &= (x_1+x_4)/2 &&= 6.5 \\
\text{2列め平均} &= (x_2+x_5)/2 &&= 4.5 \\
\text{3列め平均} &= (x_3+x_6)/2 &&= 4
\end{aligned}$$

であるとしてみてください。6つの未知数に対して，独立した6つの1次方程式があることになります。これらの方程式を連立して解けば，すべての未知数が決定されてしまい，それに逆らう自由はまったくありません。つまり，自由度ゼロなのです。

こういうわけで，とどのつまりに至っても

(標本の個数)		(使った平均値の個数)		(自由度)	
6	−	6	=	0	(3.26)

というように，式（3.25）が成立することが確認できました。

自由度はなぜ必要なのか？

それにしても，なぜ，標本の数 n ではなく，自由度 ϕ のほうがデカい面をしているのでしょうか。少なくとも，t 分布表（表3-1）を使う立場でいえば，左端の欄は ϕ である必要はなく，$n-1$ か，できれば n にしてあるほうが，親しみやすく使いやすいように思われますが……。

t 分布表に関する限りは同感です。ϕ と $n-1$ が併記してあるくらいですから。ϕ という文字がなくても，この表の利

用価値は少しも減りはしません。

　ただし，ϕが多用されるのには，やはり相当の理由があるのです。6.2節で見ていただくはめになるのですが，同じ個数の標本を異なる個数の平均値で処理するような統計手法も使われるので，自由度ϕなしではすまされないのが，お互い辛いところです。

第 4 章

実力か, まぐれか, いかさまか

検定という決着のつけ方

4.1
公平な判定には検定が必要なのだ

　日常生活で小さな利害が対立したときなどには、ジャンケンで決着をつけるのが公平で、手軽で、ひょうきんで、さわやかで、恨みっこなしの妙手でしょう。ジャンケンは1690年ごろに中国から渡来したのち、日本の文化に染まりながら、その一角を作り上げてきたといわれています。ひょっとすると、ささやかだけど、世界に誇れる日本文化のひとつなのかもしれません。

　このように便利な決着法をもたない民族では、どうしているのでしょうか。アメリカ映画などでは、ときどき、コイン・トスで決着をつけるシーンに出会うので、それがいちばんポピュラーな方法なのかもしれません。

　もっとも、コイン・トスが公平な決着手段であるためには、表が出る確率と裏が出る確率が等しくなければなりません。しかし、たいていのコインは、表と裏の図柄や彫りの深さが異なりますから、この公平さには若干の疑問を感じます。そこで、「コインの表と裏の現れる確率は等しいかどうか」を検証してみようと思います。

　こういう検証作業を行いたいとき、統計の世界には、一種のこつのようなものがあります。それは、

「コインの表と裏の現れる確率は、きっかり1/2ずつである」

第4章 実力か，まぐれか，いかさまか

という説をかりに立てておき，その確かさを判定するという段取りです。そして，統計学では，このことを「『表と裏が出る確率は等しい』という**仮説***1**を検定**する」と表現します。なんだか，ものものしいですね。

この場合，「表と裏が出る確率は等しくない」という仮説を立ててはいけません。「等しくなさ」の程度には無限の段階がありうるので，手に負えないからです。

なお，表と裏という文字は画数が多くて煩わしいので

　　　　　　　表をH，裏をT

と略記することにしましょう。アルファベットを使うと，とたんに数学らしくなって，かっこよくもなります。

 欧米のコインでは，表側は元首などの肖像が彫られていることが多いのでHead，裏側はその反対側なのでTailと呼びます。上記のHとTは，そのイニシャルをとりました。ちなみに日本の硬貨では，図柄と漢数字で金額のあるほうが表側，年号のあるほうが裏側です。

一目瞭然，検定作業の流れ

それでは，検定の作業を始めましょう。コインを投げて，

---

*1 「仮説」を「仮設」と表記している本も少なくありません。英語ではhypothesisです。ここで立てた仮説は，統計学では正式には**帰無仮説**と呼ばれるものです。

Hが出たかTが出たかを記録していきます。

1回目のトス

1回めのトスではTが出ました。Tが出る確率は、仮説によれば1/2ですから

$$1回目がTの確率 = 1/2 \tag{4.1}$$

です。確率1/2の事象が目の前で起こったからといって、珍しくもなんともありません。

2回目のトス

そこで、2回めのトスをしてみました。またTが出ました。2回つづけてTが出るようでは、「Tが出る確率は1/2」という仮説がまちがっているのでしょうか。

どっこい、そうともいいきれないようです。仮説どおりであるとすると、

$$Tが2回つづく確率 = 1/2 \times 1/2 = 1/4 \tag{4.2}$$

です。4回に1回くらいの偶然は、身辺にざらに起こることではありませんか。

3回目のトス

つづけて、3回めのトスをしてみたら、またTが出ました。

$$Tが3回つづく確率 = 1/2 \times 1/2 \times 1/2 = 1/8 \tag{4.3}$$

です。いかがでしょう。1/8, すなわち12.5％の確率でしか起こらないことが目の前で起こったと考えるより, そろそろ, このコインはTが出やすいくせがある（仮説はまちがい）, と判定するほうが自然ではないでしょうか。

いや, 待てよ。いま私たちは, このコインのHとTの出方に差があるかどうかを確かめようとしているのでした。確かめるという立場からいえば, 完全なまぐれであっても1割超の確率で起こるようなできごとに対して,「まぐれではない」といいきるのは早計な気もします。もう少し試してみないと判定は下せない, というのが正直なところでしょう。

4回目のトス

そこで, 4回めのトスを試みます。また, Tが現れました。HとTの出る確率が1/2ずつなのに, まぐれでTが4回もつづく確率は

$$4 \text{回連続で} T \text{の確率} = (1/2)^4 = 1/16 \tag{4.4}$$

にすぎません。1/16は6.25％という, かなり小さな確率です。そのような現象がたまたま目の前で起こったと考えるより, このコインはTのほうが現れやすいと認めるほうがすなおではないか, と迷ってしまいます。

こうなると, 6.25％という確率が小さいかどうかという社会常識の問題です。しかし, 6.25％を「小さい確率」とみなしてよいかどうかは, 状況や立場によって異なるばかりか, 個人によって見解の差も大きいでしょうから, 議論していてもきりがありません。

そこで，統計学では一応の約束として，

5％以下は，小さい確率とみなす。
5％より大きければ，小さい確率とは認めない。

ことにしています。実は，この「5％」という感覚は，3.1節にあけすけに書いたように，統計数学の全般にわたって非常に広く採用されている，一貫した免責点（5％のまちがいは容認しよう，という基準点）なのです。

こういう立場からいえば，4回もTがつづいて現れる確率6.25％は，依然として，小さいとはいいきれません。したがって，4回めのトスの時点ではまだ，Tのほうが出やすいと判定する――「HとTが出る確率は等しい」という仮説を棄却する――わけにはいかないのです。ずいぶん，慎重なものです。

5回目のトス

さらにコインを投げます。またまたTが現れました。5回つづけてTが出る確率は

$$5回連続でTの確率 = (1/2)^5 = 1/32 \tag{4.5}$$

ですが，1/32は3.125％にすぎません。これは5％より小さいので，前述の約束に従えば「小さい確率」とみなせます。

小さい確率とみなすとは，「コインのHとTの出る確率が等しいという条件下で，たまたま5回連続でTが出ただけ」と考えるのは不自然だ，と判断することです。

第4章 実力か，まぐれか，いかさまか

　このように判断を下すことを，「コインのHとTの出る確率が等しい」という当初の仮説を**棄却**すると称します。仮説が棄却されたことによって，「HとTの出方にはまぐれによらない差がある」と判定できたわけです。

　まぐれによらない差のことを，統計では**有意差**——つまり，意味をもつ差——といいます。そして上のように，有意差があるかどうかを判定することを**有意差の検定**と呼んでいます。いまの場合，「HとTの出方には有意差がある」と判定できたわけです。

　検定では，あらかじめ，5％の確率でまちがいが起こることを覚悟しておかないといけません。上では「HとTの出方には有意差がある」と結論しましたが，Tの出る確率がほんとうはきっかり1/2であるのに，まったくの偶然で5回つづけてTが出た可能性だって，皆無ではありませんから……。このように，判定がまちがう確率（いまの例では5％）を，**危険率**あるいは**有意水準**といいます。

「5回連続でTの確率は3.125％なのだから，この場合，判定がまちがう確率は5％ではなく3.125％ではないか」と思われたかもしれません。危険率とは，検定作業を行うに当たってあらかじめ設定した精度（5％）のことだと考えてください。そして，まちがう確率を実際に算出した値（3.125％）が，後述する**あわて者の誤り**の確率です。

　この節でも，いくつかの新しい用語に出会い，その内容を承知してきました。それは，とりもなおさず，新しい概念を手に入れたことを意味します。一歩前進であり，誇るべきこ

とではありますが，"A little knowledge is a dangerous thing." (生兵法はケガのもと) といいますから，ぜひ，以降の説明で「有意差の検定」の真髄に触れていただきましょう。

7勝1敗は，実力ありか？

コイン・トスは西洋の文物でしたので，つづいての検定の例として，日本文化のほうに登場してもらいましょう。

AとBが，ともにジャンケンの実力を自慢するので，2人に8回勝負（引き分けなし）をしてもらいました。結果は，

　　　A　の　7勝1敗

でした。この結果から，AとBのジャンケンの実力には有意差があるかどうかを検定してください。

まず，AとBのジャンケン力には差がない，つまり，Aが勝つ確率もBが勝つ確率も同じく0.5だったら……と，かりに考えておきましょう。むずかしい用語をあえて使うなら，**帰無仮説**を「AとBが勝つ確率は等しい」とするのです。

そうすると，ジャンケンを8回行ったとき，8回ともAが勝つ確率，Aが7回勝ちBが1回勝つ確率，Aが6回でBが2回の確率，……（中略）……，Aが1回でBが7回の確率，8回ともBの確率は，第2章でも登場した**二項分布**という分布をします。二項分布の計算法は5.2節で見ていただきますが，その手順に従った計算結果を，**表4-1**に載せておきました。

「AとBが勝つ確率が0.5ずつで等しい」という仮説がかりに正しかった場合，この表によると，8回中7回もAが勝つ

第4章 実力か，まぐれか，いかさまか

有意差の検定

表4-1　$n=8, p=0.5$の二項分布

Aの回数	Bの回数	その確率
8	0	0.004
7	1	0.031
6	2	0.109
5	3	0.219
4	4	0.274
3	5	0.219
2	6	0.109
1	7	0.031
0	8	0.004

確率は0.031,つまり3.1％にすぎません。これは,私たちが覚悟している危険率5％より小さい値ではありませんか。したがって私たちは,当初の仮説を棄却して……。

……といきたいところですが,ちょい待ち,です。Aの7勝1敗でAの実力を認めるなら,Aの8勝0敗のときにも,当然,Aの実力も認めなければなりません。それなら,Aの7勝1敗の確率を検定の危険率5％と比べるのではなく,7勝1敗以上の確率を危険率5％と比べなければいけない理屈です。

そこで,表4-1をもういちど見ると,Aが8勝0敗の確率は0.004ですから

$$\text{Aの7勝1敗以上の確率} = 0.031 + 0.004 = 0.035 \tag{4.6}$$

すなわち,3.5％です。

第4章 実力か，まぐれか，いかさまか

　これでもまだ，危険率5％にとどきません。というわけで，私たちはこれで安心して，「AとBが勝つ確率が等しく0.5ずつである」という仮説を棄却し，AとBの実力には有意差があると検定できる次第です。

　ついでに，6勝2敗ならどうでしょうか。表4-1を利用すると

$$Aの6勝2敗以上の確率 = 0.109 + 0.031 + 0.004$$
$$= 0.144 \qquad (4.7)$$

となり，5％を大きく上回っています。つまり，相手と同等の実力でもたまたま6勝以上を挙げることはたいして珍しくないので，相手以上の実力があるとまではいえない……となります。わずか1勝差の7勝以上であれば「有意差あり」と判定できるのに，ちょっとおもしろい結論ですね。

「7勝1敗なら（危険率5％で）仮説はまちがいだ」と判断するのは，まっとうな検定です。
　これに対して，「6勝2敗なら仮説は正しい」という判断は，基本的にはできませんので，ご注意ください。検定からいえるのは，「6勝2敗なら，仮説を捨てる根拠にはならない。仮説は正しいかもしれないが，まちがいかもしれない。もっとデータを集めてやり直しなさい」ということです。仮説の正しさを積極的に証明するのには，検定は使えないのです。
　ただし，どんどんデータをふやして検定をつづけても，やはり仮説が捨てられないならば，その仮説の確からしさが間接的に強まっていく……ということになります。

Column 9

ダイジェスト版・有意差の検定

　念のため,有意差の検定の段取りをもういちどおさらいしておきましょう。コイン・トスを例にとり,危険率5%の検定を行うとします。

ステップ1

　なによりもまず,検定にかけるためのデータを集めます。たとえば,コインを5回トスした結果,5回ともTだったとしましょう。

ステップ2

　上の結果を踏まえて,「コインのTが出る確率は1/2より大きい」ということを立証したいのです。そのために,まずは,

　　　「コインのHとTが出る確率は公平,つまり1/2である」

という仮説を立てます。こうした仮説は,それが否定されることを本音では期待しているので,**帰無仮説**(無に帰すべき仮説)ともいいます。

ステップ3

　いったん仮説が正しい(Tが出る確率は1/2)と仮定して,その仮定のもとで,ステップ1で観察されたできごとが起こる確率を求めます。5回連続でTが出る確率は,仮説が正しければ1/32です。つまり3.125%です。

ステップ4

　求めた確率を危険率(5%)と比較します。

もしも,求めた確率が危険率より高かったならば,「まぐれで起こったとしても不自然ではない」という意味です。この場合,ステップ2で立てた仮説を捨てることはできません。

いまの場合は,3.125%は危険率より低いので,これは小さい確率だ——偶然起こるとしては不自然だ——とみなしてかまわないでしょう。「仮説が正しいとすれば不自然」なのですから,仮説が捨てられることになります。

ステップ2で仮説を立てるさいのヒントのひとつとして,

「否定しにくい仮説を立てるべきではない」

ということが挙げられます。

一例として,本章冒頭では「『表と裏が出る確率は等しくない』という仮説を立ててはいけません」と書きました。確率が等しくない,つまり1/2ではないということは,裏を返せば1/2以外ならなんでもいいということですから,非常に広い範囲にわたって成立してしまいます。これは否定するのがむずかしいので,検定における仮説としては不適当だという次第です。

ところで,数学や論理学でよくお目にかかる,

「Aが成立することを証明したい。かりにAが成立しないとしたら矛盾点が出てくるから,Aが成立するはずだ」

というひねた証明方法は**背理法**として有名ですが,検定はこの背理法に一脈通じるものがあります。検定もまた,「仮説が成立するとしたら不自然だから,仮説は成立しないはずだ」という,からめ手から攻める理屈だからです。

あわて者と,ぼんやり者の誤り

最初の例では,コイン・トスで5回つづけてTが出たのでした。「HとTの現れ方に差がない」という仮説どおりなら,そのようなことは5％以下の確率でしか起こらない。だから,ほんとうはHとTの現れる確率に差があるにちがいない……と判定して,仮説を捨てたのでした。

しかし,だとすれば,HとTの現れ方に差がなくても,Tが5回連続で出る確率が3.125％はあるのです。したがって,「差がある」という私たちの判定がまちがっている確率が,3.125％はあったことになります。このようなまちがいは,ほんとうは差がないのに,あわてて差があると判定してしまったのですから,**あわて者の誤り**と呼ばれます。

さらに加えて,検定には,もうひとつの誤りがつきまといます。だいたい,コイン・トスで4回もつづけてTが出れば,このコインはTのほうが現れやすい特質をもっている気配が濃厚ではありませんか。実際にTのほうが出る確率が高くて,ひょっとすると,4回めのトスの時点で,すでにそれが立証されていたのかもしれません。それにもかかわらず,わたしたちは差があると判定しなかったのですから,このミスは**ぼんやり者の誤り**と通称されています[*2]。

このように,限られた回数や個数のデータによって,一定

[*2] 統計では,「あわて者の誤り」の確率を α(アルファ),「ぼんやり者の誤り」の確率を β(ベータ)で表す習慣があります。α watemono と β on'yarimono ですから,語呂が合っていて,覚えやすいですね。そして,α のほうを**第1種の過誤**,β のほうを**第2種の過誤**とも呼びます。これらには,また,5.4節で再会します。

第4章　実力か，まぐれか，いかさまか

の危険率のもとに判定を下すときには，必ず，あわて者の誤りとぼんやり者の誤りの2種の誤りを犯すリスクを伴います。では，いったい危険率はどのくらい覚悟するのがいいのでしょうか。

危険率は誤りを犯す確率ですから，小さければ小さいほどいいに決まっています。けれども，**危険率を小さくすれば，ぼんやり者の誤りの確率は増大します**。そのうえ，いくら実験を繰り返してもなかなか結論を出さないのですから，時間や経費の浪費につながります。「石橋を叩いて渡る」どころか，「石橋を叩いても渡らない」ようでは，まいってしまいます。

そこで，一般的な検定では危険率を5％に，とくに誤りが許されないような特別な場合に限り，その程度に応じて，1％や0.1％とするのがふつうです。

　危険率を1％や0.1％にする例としては，たとえば，医薬品や食品の安全性の検定などがあります。

一例として，コイン・トスでTが出る確率の有意差を認めるためには

　　　危険率　　5％　　なら　　5回連続
　　　危険率　　1％　　なら　　7回連続
　　　危険率　　0.1％　なら　10回連続

でTが現れることが必要……というところです。

4.2
推定と検定のくさい仲

t 分布は検定にも使える——t 検定

 前の章で推定の例として使った養殖ウナギが，ちょこざいにも，また顔を出します。
 ウナギの成長にばらつきが出るのは仕方ないとして，平均値だけは285グラムに保ちたい，という要求があるとしましょう。それを調べるために，5つの標本を採取して重さを測ってみたところ

$$270,\ 275,\ 280,\ 285,\ 290（グラム）$$

でした。

 これら標本の平均値を単に勘定すると，280グラムになります。では，このデータから，ウナギの重さの母集団の平均値 μ が，285グラムになっているか否かを検定してみましょう。逆にいえば，「μ が285であるにもかかわらず，このような5つの標本が採取されることが，たいして珍しくないかどうか」を調べてみようというわけです。

 このデータは，実は，第3章で扱ったものと同じです。第3章では，このデータを使って平均値 μ の区間推定をしたのでした。こんどは，同じデータを使って，μ が285グラムであるといえるか否かを検定していきますので，推定と検定の

第4章 実力か，まぐれか，いかさまか

考え方や手順の共通点や相違点がクローズ・アップされるのではないかと，期待しているわけです。

では，始めます。まず

$$\mu = 285 \qquad (4.8)$$

という仮説を立てましょう。この仮説を危険率5％で検定してみて，仮説が否定されれば，ウナギの体重の平均値は285グラムでない（285グラムから有意にずれている）といえます。そのときには，ウナギの養殖法に改善の策を施すことにでもしましょうか。

私たちの5つのデータから求められる値は，

$$\bar{x} = 280 \qquad (3.18)\text{と同じ}$$
$$s = 7.071 \qquad (3.19)\text{と同じ}$$

ですし，また，仮説が正しければ

$$\mu = 285 \qquad (4.8)\text{と同じ}$$

であり，さらに，標本の数から

$$n = 5 \quad (自由度\ \phi = n - 1 = 4) \qquad (4.9)$$

です。

ぜいたくをいわせてもらえば，もし，真の標準偏差 σ がわ

かっているなら，第3章と同様にして正規分布の性質を使えます。

ところが，あいにくなことに，いまはσではなく手持ちの標本の標準偏差sしかわかっていませんから，3.2節で使ったt分布のほうを使わなければなりません。tとは

$$t = \pm \frac{\bar{x} - \mu}{s/\sqrt{n-1}} \qquad (3.15) \text{ と同じ}$$

でしたから，それぞれの値を代入すると

$$t = \pm \frac{280 - 285}{7.071/\sqrt{5-1}} = \pm 1.41 \qquad (4.10)$$

と計算されます。あとは，t分布表と見比べながら判定を下せばいいだけです。

表4-2に，t分布表から必要な数値を転記してありますので見てください。tの値が95％の確率で存在する範囲，つまり，両すその面積が0.05となる範囲は

$$\pm 2.776 \qquad (4.11)$$

です。

私たちのtは±1.41でしたから，それは，完全に±2.776の範囲に収まっています。すなわち，真の平均が285であっても，私たちのデータのように，「270〜290の間にばらついていて，平均$\bar{x}$がたまたま280になるような5個のデータが取り出される確率」は，5％より多い（まぐれとしても珍しく

表4-2　t分布表の一部

n	ϕ	両すその面積（確率）			
		0.40	0.20	0.10	0.05
5	4	0.941	1.533	2.132	2.776

ない）のです。

　けっきょく，真の平均 μ が285であるという仮説は否定できない……というのが，今回の検定の結論です。したがって，ウナギの養殖法をあわてて改善・変更する必要はなさそうです。

たった5つの標本の値から，このように思いきった結論を出していいのだろうかと不安に感じられる方は，標本の数をさらにふやして検定をやり直してみるほかありません。標本の数をふやすことが，まぐれによる当たり外れを減らす唯一の方法だからです。

　t 分布を利用したこのような検定は，**t 検定**と呼ばれることを，申し添えておきましょう。

推定と検定の兄弟仁義

　統計学で使われる推定と検定は，字面も似ていますが，内容のうえでも，まさに兄弟ぶんです。その関係を**図4-1**に描いておきましたので，ごらんください。題材は，しつこいようですが，第3章の5つの標本

$$270, \ 275, \ 280, \ 285, \ 290$$

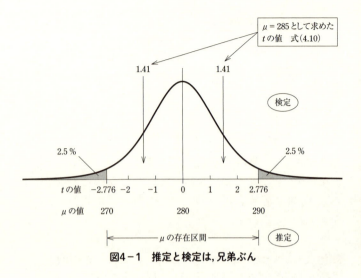

図4−1 推定と検定は，兄弟ぶん

です。

　まず，**推定**というのは，データから計算したtの値が，ある確率（信頼度，一般には95％）で含まれる区間を求める行為です。このとき，95％からはみ出る5％は，左右均等に配分するのがふつうです。

　いっぽう，**検定**のほうは，データから求めたtの値が，図にうすずみを塗った領域にかからないか否かを判定する作業です。

　この図のように，許されない5％を分布の両すそに2.5％ずつ配分してあるのは，「大きすぎても小さすぎても問題だ」という場合です。このような検定の仕方を**両側検定**といいます。

　これに対して，許されない5％を小さいほうか，大きいほ

第4章 実力か、まぐれか、いかさまか

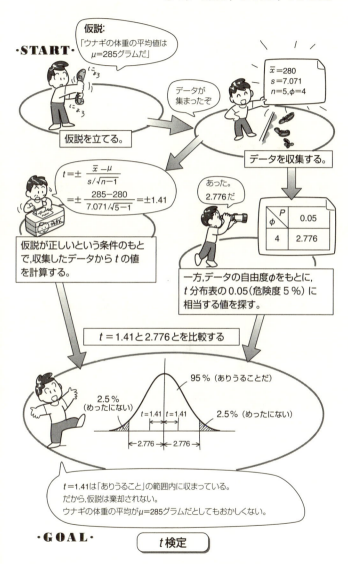

うの片側に集めて、tの値がその範囲にかからないか否かを判定する作業を**片側検定**といいます。そのときのtの値は、表4-2を参考にすれば、2.132です。

私たちのウナギの例でいうなら、5匹の標本の平均値が、「大きすぎても小さすぎても困る」なら両側検定をするのが正しいし、「大きすぎは差し支えないけれど、小さすぎは困る」というのであれば、片側検定を選べばいいわけです。

いまの例では、どちらの検定でも余裕をもって合格していますから、やはり、養殖の仕方を性急に変える必要はないようです。

4.3
食いちがいの大きさを検定しよう

食いちがいの大きさを数値で表そう

ジャンケンとかコイン・トスとか、幼稚っぽい遊びの題材ばかりで恐縮ですが、懲りもせずに、こんどはサイコロです。少々かっこ悪いので、せめてダイスと呼ぶことにしましょうか。

細かいことをいうと、ダイスは複数形ですから、1個のサイコロを振るときには「ダイ」といわなければなりません。しかしこれでは「死ぬ」のダイと紛らわしいので、ダイスで通させていただきます。そもそも日本語には、単数と複数の区別がありませんから……。

第4章 実力か,まぐれか,いかさまか

　手元にあるのは,ラスベガスで買ってきた1辺の長さが4cmもある大きなダイスです。床の上に転がすと,かなりの迫力があります。しかし,ダイスとして必須の要件は迫力ではなくて,6種の目が現れる確率が均一なことでしょう。そこで,それぞれの目が公平に現れるかどうかを確かめるために,ダイスを120回も振ってみました。6種の目が,それぞれ20回ずつ現れることを期待して,です。

　その結果は,つぎのとおりです。左から⚀→⚅の順に,それぞれの目が現れた回数です。

$$29,\ 14,\ 23,\ 17,\ 19,\ 18$$

　ずいぶんむらがあるようですね。このむらは,単なる偶然によるものでしょうか。それとも,このダイスに固有のくせによるものでしょうか。検定してみてください。

　検定の型どおりのやり方として,まず仮説を立てましょう。すなわち,

「ダイスの目の出方にはむらがない」

という仮説を立てておき,これが捨てられるか否かを考えてみます。

　これは,なかなかの難問です。どこから手をつければいいのでしょうか。

　なにはともあれ,まず,むらの大きさを数値で表さなければなりません。いろいろな表し方が考えられますが,ここで

表4-3 食いちがいの大きさを求める

区分	実現値	期待値	実-期	(実-期)²	(実-期)²/期
⚀	29	20	9	81	4.05
⚁	14	20	-6	36	1.80
⚂	23	20	3	9	0.45
⚃	17	20	-3	9	0.45
⚄	19	20	-1	1	0.05
⚅	18	20	-2	4	0.20
	計120				$\chi^2 = 7.00$

は**表4-3**のように表すことにご同意ください。

まず、6種のダイスの目の回数の「実現値」を書き並べます。つぎの列は、目の現れ方にくせがなければ、それぞれの目が20回ずつ現れるはずだという「期待値[*3]」を書きます。「実-期」の列は、実現値から期待値を引いた値で、これが、各区分ごとの実現値と期待値の食いちがいの大きさです。もちろん、この列の値を合計すると、ゼロになってしまいます。

そこで、マイナスの符号を消すために、その値を2乗してください。これは、標準偏差の計算のときと同じく、統計処理を一貫する手法なのです。

そして、最後(右端)の列は、それを期待値で割ることにより、単位をもとに戻したものです。こうして、各区分ごとの仮説との食いちがいが表現できました。

[*3] 「期待値」の定義はいろいろとやっかいなのですが、ここでは「(目の出方にむらがないという仮説が正しければ)ダイスを120回振ったときに、それぞれの目が当然20回ずつ出ると期待される」という意味にとっておいてください。

第4章 実力か,まぐれか,いかさまか

では,これらの値を合計して,全体としての食いちがいの大きさを求めてください。その結果は,

7.00

となります。この値のことを,統計学ではχ^2（**カイ2乗**）と呼んでいます[*4]。すなわち,

$$\chi^2 = 7.00 \tag{4.12}$$

です。

上記の段取りを数式にまとめておくと,

$$\sum \frac{(実現値 - 期待値)^2}{期待値} = \chi^2$$

となります。これがχ^2の定義式というわけです。

χ^2は,右肩の^{2}まで含めて,ひとかたまりの記号だと考えてください。かりに,むりやりχ^2の平方根をとって「χ」なる値を求めても,ふつうは使い道がありません。

そして,検定をいたします

仮説が正しければ6つの区分ごとに等しく配分されるはず

[*4] χは,ギリシャ文字のひとつです。χにぴったり対応するローマ字はありませんが,古代ローマの昔から"ch"の2文字を当てはめるのが慣例です。ギリシャ文字とローマ字の対照表は,付録❷に記載してあります。

の実現値が，表4-3のように食いちがっていることがわかりました。つぎの問題は，「その食いちがいの大きさを示すχ^2の値がたまたま7.00以上にもなる確率が，所定の危険率（判定を誤る確率）よりも低いかどうか」です。

低ければ，「ダイスの目の出方にはむらがない」という仮説が棄却されて，このダイスにはくせがあると判定されます。高ければ，偶然に目の現れ方がばらついただけとも考えられますので，このダイスの目の出方には固有のくせがあるとはいえない……と判定することになります。

 χ^2の値が高いほど，確率が低いことに注意してください。実際には，計算されたχ^2の値が，危険率をもとに数表から引いてきた値を超えているかどうかで判断します。

では，**表4-4**を見てください。まったくむらのないダイスで，区分の数6の場合，まぐれでχ^2の値が9.24以上になる確率が10％，11.07以上になる確率が5％，15.09以上になる確率が1％です。

私たちが求めたχ^2の値は7.00でしたから，ダイスの6種の目の出方が等しいにもかかわらず，偶然の作用によって表4-3の実現値のようなばらつきを生じる確率は，10％よりも多いのです。この程度の目の出方のばらつきは，単なるまぐれでも十分起こりうるというわけです。

したがって，危険率5％で検定するなら，このダイスの目の出方にはむらがあるとはいえない，と判定されました。χ^2分布を利用した，このような仮説検定のやり方を，**χ^2検定（カイ2乗検定）**といいます。

第4章 実力か，まぐれか，いかさまか

表4-4　χ^2分布の値

区分の数	10%	5%	1%
2	2.71	3.84	6.63
3	4.61	5.99	9.21
4	6.25	7.81	11.34
5	7.78	9.49	13.28
6	9.24	11.07	15.09
7	10.64	12.59	16.81
8	12.02	14.07	18.48
9	13.36	15.51	20.1
10	14.68	16.92	21.7
12	17.28	19.68	24.7
15	21.1	23.7	29.1
20	27.2	30.1	36.2

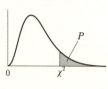

右すその面積がPになるようなχ^2の値

ジャンケン力のχ^2検定

4.1節で，ジャンケンの実力の有意差の検定をしたことがありました。そこでは，確率計算をしたところによると，危険率5％で

　　6勝2敗　なら　有意差なし
　　7勝1敗　なら　有意差あり

だったのでした。

こんどは，同じジャンケンについて，ためしにχ^2検定で有意差を調べてみましょう。**表4-5**を，ごらんください。危険率5％のχ^2の値3.84と比べると，6勝2敗は有意差なし，7勝1敗は有意差ありが明らかではありませんか。

表4-5 ジャンケン力の有意差検定

6勝2敗なら

区分	実現値	期待値	実-期	(実-期)²	(実-期)²／期
勝	6	4	2	4	1
敗	2	4	-2	4	1
					$\chi^2 = 2$

7勝1敗なら

勝	7	4	3	9	2.25
敗	1	4	-3	9	2.25
					$\chi^2 = 4.5$

χ^2検定は,このように非常に便利です。ただし,実をいうと,データの数が少ないときには,あまり,おすすめできません。χ^2分布はもともと連続型の分布ですから,6勝2敗というような離散型(とびとび)の分布に適用すると,若干の誤差を伴ってしまうからです。そのへんを心得たうえで使っていただくよう,お願いします。

実例で考えましょう4-1

2003年5月の新聞の報道には驚きました。1990年以降の大学入試センター試験に出題された四者択一の問題では,**表4-6**のように,
- 正解は中央の2つに集中していた
- 両端が正解になっていることが少なかった
- 特に,4つめが正解になっていることが極端に少なかった

のだそうです。こんな傾向が事前に漏れていたら,たい

第4章 実力か,まぐれか,いかさまか

表4-6 正解の位置の分布

位置(左から)	正解数	割合(%)
1つめ	9	22.5
2つめ	14	35.0
3つめ	14	35.0
4つめ	3	7.5
計	40	100.0

へんでしたね。ちょっと,お粗末だと思いませんか。

それでも,好意的に考えると,「いや,問題作成の段階では,きちんと乱数表などを使って,ランダムに正解の配列を決めたにちがいない。にもかかわらず,たまたま結果として,このような偏りが生じてしまったのだ」……といえるのかもしれません。つまり,「正解には偏りがない」という仮説も,立てることは可能です。

では,このような偏りが偶然で生じたものではなく,有意差が認められるか否かを検定してください。

[答えはこちら→] くどい説明は省きますが,表4-7で計算するように,χ^2は8.2です。

この値を表4-4(χ^2分布表)と見比べてください。区分の数が4の場合,右すその面積(危険率)が5%になるようなχ^2の値は7.81ですから,私たちの値8.2のほうが大きくなります。

すなわち,表4-7のような食いちがいは,偶然の作用では5%よりも小さい確率でしか起こらない珍事なのです。「正解には偏りがない」という仮説はこうして棄却されます。

表4-7 どうやら無作為ではなさそう

位置	実現値	期待値	実-期	(実-期)²	(実-期)²／期
1つめ	9	10	−1	1	0.1
2つめ	14	10	4	16	1.6
3つめ	14	10	4	16	1.6
4つめ	3	10	−7	49	4.9
計	40				$\chi^2=8.2$

やはり，有意差ありです。出題される先生方には，正解を2つめか3つめに置く傾向が認められる，と判定できるでしょう。

Column 10
統計に「むずかしい数式」はいらない

数式とは，常人には理解しがたいものの象徴です。ところが，数学の参考書や教科書では，どうしても数式とは縁を切れませんから，困ってしまいます。統計学も例外ではなく，シグマ記号(Σ)や積分($\int$)，難解な関数がごちゃごちゃと入り乱れた文章と，延々とにらめっこをさせられるのが常です。

しかし，統計に強くなるために，そうした数式をありがたがる必要があるのでしょうか。むずかしい積分や特殊関数（初等関数で表せない関数）などなどの知識を完全に身につけないと，統計は本当に理解できないのでしょうか。

たとえば，2.2節で，「日本の青年男子の身長が，$\mu=170\text{cm}$を平

均として,標準偏差 $\sigma=6$ cmで正規分布しているとき,明朝見かける1人の青年男子の身長が185cm以上である確率はわずか0.62%である」という例題を,正規分布の数表を利用して解いてみました。

このとき,正規分布の曲線を表す確率密度関数,すなわち(Column6参照)

$$f(x) = \frac{1}{\sqrt{2\pi}\,\sigma} e^{-\frac{(x-\mu)^2}{2\sigma^2}}$$

をもろに使って,つぎのような式をごちゃごちゃと書いても,同じく0.62%という答えを出すことができます。

$$\int_x^\infty \frac{1}{\sqrt{2\pi}\,\sigma} e^{-\frac{(x-\mu)^2}{2\sigma^2}} dx$$
$$= \frac{1}{\sqrt{2\pi}\times 6} \int_{185}^\infty e^{-\frac{(x-170)^2}{2\times 6^2}} dx$$
$$= \frac{1}{2}\left\{1 - \mathrm{Erf}\left(\frac{185-170}{\sqrt{2}\times 6}\right)\right\} = 0.0062$$

(ここで,Erfはガウスの誤差関数を表す)

どうでしょう……。統計を知りたいと志したばかりの人が,こんな冗談みたいな数式にいきなりぶち当たろうものなら,たちまち仰天して,統計の勉強などヤーメタとなってしまうにちがいありません。

仰天する必要は,本来ならどこにもないのです。実際,正規分布の数表を利用すれば,それこそ小学生でもできる加減乗除だけで,0.62%という答えを割り出せたではありませんか。

また,t分布を利用してウナギの平均体重を推定したり,χ^2分布を利用してセンター試験の解答の偏りについて検定したりしてき

ました。実は、t分布とχ^2分布を表す確率密度関数もまた、それぞれ

$$f(t) = \frac{1}{\sqrt{\phi}\,B\left(\frac{1}{2}, \frac{\phi}{2}\right)\left(1+\frac{t^2}{\phi}\right)^{\frac{\phi+1}{2}}}$$

(ここで、Bはベータ関数を表す)

$$f(\chi^2) = \frac{1}{2\Gamma\left(\frac{\phi}{2}\right)}\left(\frac{\chi^2}{2}\right)^{\frac{\phi}{2}-1}e^{-\frac{\chi^2}{2}}$$

(ここで、Γはガンマ関数を表す)

という、見るだけで胸焼けを起こしそうな姿をしています。本文で問題を解いたときに、t分布の形を図に描いたりしないで、こうしたしかつめらしい関数を使ったふりをしておけば、ものすごい数学力だとお褒めにあずかると同時に、こんなにむずかしいなら、統計学など金輪際ごめんだと思っていただけたことでしょう。

けれども、ほんとうは、t分布やχ^2分布の数表から値を読み取るという非常にやさしい方法で、上のような難解な数式を使ったのと同じ効果が得られ、正しい推定や検定ができてしまうのです。

実をいうと、上のような数式を覚えたからといって、ただちに答えが得られることは、ふつうはありません。適当なプログラムを組んでコンピュータに計算させ、近似値を求めるのが関の山です。

ところが便利なことに、手元に正規分布、t分布やχ^2分布の数表があれば、こんなむずかしい式を暗記する必要も、コンピュータを引っぱり出す必要も、さらさらありません。推定や検定の答えを出すのは、すでに私たちがやってきたように、なんの造作もないことなのです。

数式とはもともと、必要な数値を割り出すために使われる道具

にすぎません。したがって,欲しいその数値が,数表からであれ,コンピュータからであれ,すでに求められているなら,数式自体はもう無用の長物です。

とくに統計では,必要な数値の数表化が行き届いています。めんどうな計算が必要になる数値は,あらかじめ求められて,教科書の巻末の付表あたりに手際よくまとめられているのが,ふつうなのです。

なんの計算をしているのか相手に悟られたくないとか,高級そうな数式を見せて相手をビックリさせたい,という特殊な魂胆がおありの方は,数表を隠しておいて,さもむずかしい計算をしたふうに装うのも一手ではありましょう。そうでもなければ,もったいぶった数式をこれ見よがしにかつぎ出すのは,百害あって一利なしというほかありません。

統計学は,「数値の集団から役に立つ情報を引き出す」ための学問です。その目的に直接には役立たない数式の見かけに惑わされるのは,非常に損なことのように思います。平均値の意味を考えたり,データの数が推定の精度にどれくらい敏感に効いてくるかを知ったりするほうが,統計解析の実際にはずっと役立ち,今日,明日の実務に使えるでしょう。

第 5 章

不良品から
あなたを守る術

標本調査による保証

5.1
あちらも, こちらも立てましょう

　ドーンと下腹にひびく発射音に, 期待を込めて見上げる夜空を彩る大輪の花火……, 手に持つ缶ビールが溢(あふ)れるのも忘れ, あほうづらして見上げてしまいます。大勢の観客も,「わぁー, きれい」などと歓声を上げていますし, たまには「たまやー, かぎやっ」という古式ゆかしい掛け声も飛び交って, 夏の夜の歓楽を演出してくれたりもします。

　ところがこの花火, ときには暴発したり, あらぬ方向に飛び散ったりして, 死傷者が出ることもあります。もちろん, そういうことが起こってはなりませんから, 事前に花火のための火薬玉の検査は, 念には念を入れて行われているにちがいありません。

　そして, その検査は多岐にわたることでしょう。火薬が練られていく過程では, 成分の混合比や, 混じり方の均一さなどに神経を使った検査が必要でしょうし, できあがった火薬玉では, 重さ, 大きさ, 形のゆがみなどの検査が不可欠だと思われます。

　最終的には, 完成した火薬玉の中からいくつかの**標本**(サンプル)を取り出して実際に爆発させ, 計画どおりに火の玉が飛び散ることを確認しなければならないでしょう。

　しかしながら, 実際に爆発させてしまえば, その標本は破壊されて, 製品としての価値を失ってしまいます。このように, 製品の価値が消滅するのを覚悟のうえで行う検査を総称

して**破壊検査**,あるいは**破壊試験**といいます。

このような破壊検査は,花火玉のような危険物ばかりでなく,缶詰や瓶詰のような食料品はもとより,身近に溢れるほとんどすべての工業製品で実施されているといっても,過言ではありません。

たとえば,体重計がこわれるまで荷重をかけてみたり,電球が破損するまで高圧の電流を流す過荷重テストなどは,みな破壊検査です。缶詰を開けて中身を検査するのも,開けた缶詰は二度と売り物にならないので,破壊検査に当たります。高価な航空機でさえ,大きな外力や繰り返される荷重をかけて,破壊試験を行うのが常です。

生産者の言い分,消費者の言い分

では,とにかく人海戦術で,大量の破壊検査をしゃにむに行えば万事解決かというと,話はそう単純ではありません。

ある工業製品を,たくさん作ったとします。かりに,その中に混じっている不良品の数やその割合を正確に知りたいと思ったら,これはもう,その製品の全数に破壊試験を施すことが必要です。もちろん,そんなことをすれば市場へ流す商品がゼロになってしまいますから,文字どおり,元も子もありません。

そこで,製品の中から適当な数の標本を取り出して試験や検査を行い,その結果をもとに,全製品の品質を推量することになります。これを**標本調査**あるいは**抜取検査**などと呼んでいます。

厳密に使い分けられているわけではありませんが,「調査」のほうはデータを集めて判断することに,「検査」のほうは合否を判定することに使われる場合が多いようです。

さらに,生産者と消費者とでは立場がちがいます。

生産者とすれば,不良品の割合(**不良率**といいます)がごく小さいことを立証するには,たくさんの製品を破壊試験しなければならず,その経費は多額に上るでしょう。したがって,なるべく少数の試験で消費者に納得してもらいたいのは当然です。

これに対して,消費者側とすれば,市場に出る商品に不良品が混入しないことを十分に保証できるように,多数のサンプルを用いた検査をしてほしいのも,また,当然でしょう。

このように,生産者と消費者の間には,「あちらを立てれば,こちらが立たず。こちらを立てれば,あちらが立たず」という難問がたえず生じるのです。この問いに対して,「あちらもこちらも,ほどほどに立てよう」と答えるのが,この章の物語です。

5.2
二項分布のやさしい数学

人間には完璧な善人もいない代わりに,救いがたい悪人もいないといわれます。多くの工業製品についても,若干はそのような気配がないとはいえません。ご家庭のテレビやエアコンなど,少々調子が悪くても,叩けばそこそこ動くものもあるでしょう。

第5章 不良品からあなたを守る術

しかし、そのようにあいまいなことをいっていたのでは、話がすすみません。ここはひとつ、心を鬼にして、「すべての製品は、良品か不良品のどちらかに峻別(しゅんべつ)できる。その中間は存在しない」として話をすすめます。

こうなると、不良品の発生は確率の問題に化けてしまいます。不良品の発生確率をpとすれば、良品ができあがる確率は、とりもなおさず、1からpを引いた値です。可能性は良品か不良品かの2つ（まさに二項）だけで、それ以外をごちゃごちゃ考えなくていいのですから、楽なものです。

確率の基礎はくじ引きにあり

確率の問題の初歩として、まず、ごく基礎的な話に付き合っていただきます。目の前にくじ引きのための抽選箱があり、その中には非常にたくさんの札(ふだ)（白札と赤札）が入っていると思ってください。

「非常にたくさん」と断ったのには理由があります。箱の中の札の数が限られている場合、札を取り出すたびに、箱の中の白札と赤札の割合が変わりますから、それに伴って白や赤が出る確率も変動するはずです。そこで、いくら札を取り出しても白札と赤札の割合が変わらないくらい、たくさんの札が入っていると考えるのです。

白札と赤札の枚数の割合は

$$p : 1-p \quad ただし、0 \leq p \leq 1$$

にしてあります。したがって、抽選箱から無作為(ランダム)に1枚の札を取り出すと、それが

165

白札である確率は　p
赤札である確率は　$1-p$（$=q$とおきましょう）　　(5.1)

というわけです。

この抽選箱からまず1枚の札を取り出し，つづいて2枚めの札を取り出すとしましょう。札の出方は，順序も考え

白・白，白・赤，赤・白，赤・赤

の4通りです。そして，それぞれが起こる確率は

白・白の確率が　$p \cdot p = p^2$
白・赤の確率が　$p \cdot q = pq$
赤・白の確率が　$q \cdot p = pq$
赤・赤の確率が　$q \cdot q = q^2$　　(5.2)

と求められます。

このうち，白・赤と赤・白とは，白を1枚だけ含んでいるという結果は同じですから，取り出した2枚の札に含まれる白の枚数だけに注目すると，

白が2枚の確率は　p^2
白が1枚の確率は　$2pq$
白がゼロの確率は　q^2　　(5.3)

となっています。

さらに，これらのケースのどれかが必ず起こるのですか

ら，合計の確率はちょうど1（100％），すなわち

$$p^2 + 2pq + q^2 = 1 \tag{5.4}$$

が成り立つことは明らかです。

ここで，式（5.4）の形に注目してください。この式は，

$$(p+q)^2 = p^2 + 2pq + q^2 = 1 \tag{5.5}$$

という形をしていて，**二項式**[*1]**の展開**，またの名を**二項展開**として，よくお目にかかるスタイルです。

話をすすめます。こんどは，抽選箱からつづけて3枚の札を取り出す場合です。2枚のときと同じように考えると，札の現れ方と，その確率は

$$\left. \begin{array}{ll} 白白白 & p^3 \\ 白白赤，白赤白，赤白白 & 3p^2q \\ 白赤赤，赤白赤，赤赤白 & 3pq^2 \\ 赤赤赤 & q^3 \end{array} \right\} \tag{5.6}$$

であることにご同意いただけるでしょう。
そして，合計の確率は1ですから，式（5.4）や式（5.5）と同じように

[*1] $a+b$ とか $x+1$ のように，2つの項でできた整式を二項式といいます。$(a+b)^3$ や $(x+1)^n$ のように，その累乗もまた，二項式と呼ばれることがあります。

$$p^3 + 3p^2q + 3pq^2 + q^3 = 1 \tag{5.7}$$

ですし，また

$$(p+q)^3 = p^3 + 3p^2q + 3pq^2 + q^3 = 1 \tag{5.8}$$

のように，二項式の展開とスタイルが合致します。

さらに，さらに，試行回数をn回にまでふやせば

$$(p+q)^n = {}_nC_n p^n + {}_nC_{n-1} p^{n-1}q + {}_nC_{n-2} p^{n-2}q^2 + \cdots \\ + {}_nC_r p^r q^{n-r} + \cdots + {}_nC_1 pq^{n-1} + {}_nC_0 q^n \tag{5.9}$$

と二項展開されるでしょう。そして，これまでと同様に

${}_nC_n p^n$	は，白がn枚，赤がゼロ	の確率
${}_nC_{n-1} p^{n-1}q$	は，白が$n-1$枚，赤が1枚	の確率
	……（中略）……	
${}_nC_r p^r q^{n-r}$	は，白がr枚，赤が$n-r$枚	の確率
	……（中略）……	
${}_nC_1 pq^{n-1}$	は，白が1枚，赤が$n-1$枚	の確率
${}_nC_0 q^n$	は，白がゼロ，赤がn枚	の確率

であることを表しています。これらの合計が1になることも，もちろんです。

なお，上の式にある${}_nC_r$というのは，n個の中からr個を取

第5章 不良品からあなたを守る術

り出す組み合わせの数を表し,

$$_nC_r = \frac{n!}{r!(n-r)!} \tag{5.10}$$

です。$_nC_r$は**二項係数**と呼ばれます（第2章も参照）。ここに現れる！マークは，階乗の記号で

$$n! = 1 \times 2 \times 3 \times \cdots \times n \tag{5.11}$$

と，1からnまでの整数を全部掛け算したものを表します。

「n個の中からr個を取り出す組み合わせの数」とは，もってまわった言い回しですが，むずかしい話ではありません。たとえば，A, B, C, Dという4文字から2文字を取り出す組み合わせは
　　　AB, AC, AD, BC, BD, CD
の6種類しかありませんから，
$$_4C_2 = \frac{4!}{2!(4-2)!} = \frac{24}{2 \times 2} = 6$$
ということになります。

こういう事情で，式（5.10）を直接に使って二項係数$_nC_r$を計算するのは，一般にはたいへん手間がかかります。そこで，nとrが10までの範囲について，$_nC_r$の値を**表5-1**に列記しておきました。たとえば，nが6でrが2なら，$_6C_2$は15であると読みとってください。

この数字の配列は，**パスカルの三角形**と通称されているのですが，配列には独特の規則性があります。表5-1の中の破線で囲んだ3つの値を見てください。56と28の合計が84

表5-1 パスカルの三角形($_nC_r$の値)

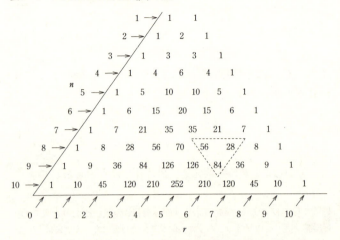

になっていますね。このような関係が表のあらゆる場所で成立しているのです。この関係を利用すれば、表は下のほうへ、いくらでも拡大していくことができます。

つぎに、ちょっとした確率計算をやってみていただけませんか。

実例で考えましょう5-1

ダイスを6回投げましょう。•が1回も出ない確率、1回だけ出る確率、2回だけ出る確率、……、6回とも出る確率、を計算してください。

[答えはこちら→] すこし前に、白が出る確率がp、赤が

第5章 不良品からあなたを守る術

出る確率が $q(=1-p)$ のとき，n 枚のうち白が r 枚，赤が $n-r$ 枚になる確率は

$$P(r) = {}_nC_r p^r q^{n-r} \tag{5.12}$$

であると書きました（確率を $P(r)$ とおきます）ので，これを利用しましょう。そうすると，6回のダイス投げのうち，⊡が r 回現れる確率は

$$P(r) = {}_6C_r \left(\frac{1}{6}\right)^r \left(\frac{5}{6}\right)^{6-r}$$

ですし，パスカルの三角形によれば

${}_6C_0 = 1$, ${}_6C_1 = 6$, ${}_6C_2 = 15$, ${}_6C_3 = 20$, ${}_6C_4 = 15$, ${}_6C_5 = 6$, ${}_6C_6 = 1$

ですから

$$P(0) = 1 \times \left(\frac{1}{6}\right)^0 \times \left(\frac{5}{6}\right)^6 \fallingdotseq 0.335$$

$$P(1) = 6 \times \left(\frac{1}{6}\right)^1 \times \left(\frac{5}{6}\right)^5 \fallingdotseq 0.403$$

$$P(2) = 15 \times \left(\frac{1}{6}\right)^2 \times \left(\frac{5}{6}\right)^4 \fallingdotseq 0.200$$

$$P(3) = 20 \times \left(\frac{1}{6}\right)^3 \times \left(\frac{5}{6}\right)^3 \fallingdotseq 0.053$$

$$P(4) = 15 \times \left(\frac{1}{6}\right)^4 \times \left(\frac{5}{6}\right)^2 \fallingdotseq 0.008$$

$$P(5) = 6 \times \left(\frac{1}{6}\right)^5 \times \left(\frac{5}{6}\right)^1 \fallingdotseq 0.001$$

$$P(6) = 1 \times \left(\frac{1}{6}\right)^6 \times \left(\frac{5}{6}\right)^0 \fallingdotseq 0.000$$

計 1.000

となりました。 ■

 ⚀ が現れる確率は1/6ですから，ダイスを6回投げると1回くらいは ⚀ が出そう……という直観どおりですが，0回（33.5％）や2回（20.0％）の可能性も，小さくはありませんね。

 蛇足かもしれませんが，この二項分布の棒グラフを**図5-1**に描いてみました。図2-1と比較していただくと，pが1/2から偏った影響がもろに効いているのが見てとれるではありませんか。

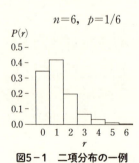

図5-1　二項分布の一例

第5章 不良品からあなたを守る術

Column 11
オッタマゲーション・マーク

！記号は、「階乗記号」または「ファクトーリアル」と呼ぶのが正式ですが、ふざけて「ビックリ」とか「オッタマゲーション・マーク」などという人もいます。nがふえるにつれて、$n!$の値はビックリするほど増大するからです。

そのビックリぐあいを、少しお見せしておきましょう。階乗がからむと計算の手間が急激にふえるということを、ぜひ実感しておいてほしいので……。

1!＝1	6!＝720	11!＝39,916,800
2!＝2	7!＝5,040	12!＝479,001,600
3!＝6	8!＝40,320	13!＝6,227,020,800
4!＝24	9!＝362,880	14!＝87,178,291,200
5!＝120	10!＝3,628,800	15!＝1,307,674,368,000

ためしに、100!を計算してみると、気の遠くなるような掛け算のすえに、結果は93, 326, 215, 443, 944, 152, 681, 699, 238, 856, 266, 700, 490, 715, 968, 264, 381, 621, 468, 592, 963, 895, 217, 599, 993, 229, 915, 608, 941, 463, 976, 156, 518, 286, 253, 697, 920, 827, 223, 758, 251, 185, 210, 916, 864, 000, 000, 000, 000, 000, 000, 000, 000という途方もない値になります。これほど大きな数を言い表す数詞は、日本語にはありません。階乗！は、それくらい莫大な数を生み出す演算です。

5.3
小さい確率にはポアソン分布が役立つ

二項分布は使いものになるか？

前節では,工業製品の良品と不良品をテーマにして話を始めたのに,説明の都合とはいえ,良品と不良品が白札と赤札に変わり,さらにダイスの目に変わったりして,たいへん失礼しました。反省して,話題を良品と不良品に戻します。

こんどは,実務らしく,不良率が1％の製品を2ダース(24個)ずつ箱詰めにしている,という場面を想像してください。そして,1箱の中に不良品が1個も含まれない確率,1個だけ含まれる確率,2個も含まれる確率,……などを計算してみましょう。

この計算は単純に思えます。いままでと同様に,二項分布の式

$$P(r) = {}_nC_r p^r q^{n-r} \quad (5.12) \text{ と同じ}$$

を使えばいいはずではありませんか。

たしかにそうかもしれませんが,現実は甘くないのです。というのは,

$$P(0) = {}_{24}C_0 \times 0.01^0 \times 0.99^{24}$$
$$P(1) = {}_{24}C_1 \times 0.01^1 \times 0.99^{23}$$

第5章　不良品からあなたを守る術

$$P(2) = {}_{24}C_2 \times 0.01^2 \times 0.99^{22}$$

……（以下，略）……

の計算が一筋縄ではいかないからです。

近ごろの電卓を使えば，0.99^{24}などの計算は苦になりませんが，${}_{24}C_r$のほうはめんどうです。たいていの本に載っているパスカルの三角形はnが15くらいまでですから，${}_{24}C_r$を求めるには，式（5.10）のようにやっかいな階乗を計算しなければならず，実用的ではありません。

心強い代役の登場

そこで，うまい手をご紹介しようと思います。めったに起こらない——確率pが小さい——ことを対象にしたときの二項分布の近似的な代用品として，「ポアソン分布」というものを私たちの仲間に入れることに，ご賛同ください。

ポアソン分布の式は[*2]

$$P(r) = \frac{(np)^r e^{-np}}{r!} \tag{5.13}$$

という形をしています。この式の容貌は，とても，二項分布の近似的な代用品という生やさしいものではありません。

そこで，少し書き直しておきましょう。式（5.13）の中のnpという量に注目すると，これは「n回の試行の間に確率pの事象が起こる回数の平均値」を意味します。したがって，

[*2] ポアソン（Poisson, 1781～1840）はフランスの数学者の名前です。Poison（毒）と間違えないようにしましょう。

$$np = m \tag{5.14}$$

と書き換えてみましょう。そうすると、ポアソン分布の式 (5.13) は

$$P(r) = \frac{m^r}{r!} e^{-m} \tag{5.15}$$

となり、式 (5.13) よりは少しだけすっきりとしました。

> 式 (5.13) や (5.15) に出てくる e は「自然対数の底」と呼ばれる、2.71828…と循環しないで無限に続く小数です。式 (5.15) のうち、e^{-m} を計算するのはめんどうなので、主要な値を**表5-2**に載せておきました[*3]。

では、私たちの例題に戻りましょう。私たちは、不良率が1％の製品を24個ずつ箱詰めにしたとき、1箱の中に不良品が1個も含まれない確率 $P(0)$、1個だけ含まれる確率 $P(1)$、2個だけ含まれる確率 $P(2)$、……などを求めようとしているのでした。

まず、式 (5.14) の約束によって

$$m = np = 24 \times 0.01 = 0.24 \tag{5.16}$$

です。つまり、1箱の中に含まれる不良品の数の平均値は

---

*3 市販されている数表では、e^{-m} ではなく e^{-x} となっているのがふつうです。巻末の付録❼にも e^{-x} の数表を載せておきました。

第5章 不良品からあなたを守る術

表5-2　e^{-m}の値

m	e^{-m}	m	e^{-m}
0.00	1.0000	0.24	0.78663
0.01	0.99005	0.30	0.74082
0.02	0.98020	0.50	0.60653
0.05	0.95123	1.00	0.36788
0.10	0.90484	2.00	0.13534
0.20	0.81873	5.00	0.00674

0.24個，ということです。そうすると，表5-2によって

$$e^{-m} = e^{-0.24} \fallingdotseq 0.787 \tag{5.17}$$

です。

　したがって，2ダースの箱詰めの中に，不良品がr個だけ含まれている確率$P(r)$は

$$\left.\begin{array}{l} m^0 = 1 \\ 0! = 1 \end{array}\right\} \tag{5.18}$$

であること[*4]を思い出して計算すれば

---

*4　式（5.18）のように，ある数のゼロ乗が1になり，ゼロの階乗が1になるのは，ちょっと不思議です。これが成り立つ理由については，大村平著『数のはなし』（日科技連出版社，1981）などをごらんください。

$$P(0) = \frac{0.24^0}{0!} \times 0.787 \fallingdotseq 0.787$$

$$P(1) = \frac{0.24^1}{1!} \times 0.787 \fallingdotseq 0.189$$

$$P(2) = \frac{0.24^2}{2!} \times 0.787 \fallingdotseq 0.022 \tag{5.19}$$

$$P(3) = \frac{0.24^3}{3!} \times 0.787 \fallingdotseq 0.002$$

……（以下，無視できる）……

となります。

すなわち，不良率1％の製品を24個ずつ箱詰めにすると，1箱の中に不良品を含まない確率が約79％，不良品が1個だけ含まれる確率が約19％，2個も入ってしまう確率が約2％，3個以上入ることはほとんどない……ということがわかりました。

実は，ポアソン分布の式は，二項分布の式において，$m = np$の値を固定したまま，pをどんどん小さくしていくか，nをどんどん大きくしていくと，数学的に作り出されます。すなわち，ポアソン分布の式は，nが大きく（できれば50以上），pが小さく（少なくとも0.1以下），平均値$m = np$が0～10くらいのときに成立する，二項分布の近似式なのです。

ポアソン分布の中でも，とくに覚えておいて損がないのは，

$$m = np = 1 \tag{5.20}$$

第5章　不良品からあなたを守る術

の場合です。このときには

$$e^{-m} = e^{-1} \fallingdotseq 0.368 \tag{5.21}$$

ですから，式 (5.15) は

$$P(r) = \frac{1}{r!}e^{-1} \fallingdotseq \frac{1}{r!} \times 0.368 \tag{5.22}$$

となります。したがって，$r=0$ から順番に式 (5.22) の値を求めていくと，

$$\left.\begin{aligned} P(0) &= \frac{1}{0!}e^{-1} \fallingdotseq 0.368 \\ P(1) &= \frac{1}{1!}e^{-1} \fallingdotseq 0.368 \\ P(2) &= \frac{1}{2!}e^{-1} \fallingdotseq 0.184 \\ P(3) &= \frac{1}{3!}e^{-1} \fallingdotseq 0.061 \\ P(4) &= \frac{1}{4!}e^{-1} \fallingdotseq 0.015 \\ P(5) &= \frac{1}{5!}e^{-1} \fallingdotseq 0.003 \end{aligned}\right\} \tag{5.23}$$

というぐあいに，各発生回数についての確率が計算されます。

これらの値は，たとえば，N 回に 1 回の割合でミスをする作業を N 回繰り返した場合（確率 $p=1/N$ の試行を $n=N$ 回行うので，$m=np=N/N=1$ が成り立ちます）には，

N 回ともミスをしない確率が	36.8 %
N 回中に 1 回だけミスをする確率が	36.8 %
N 回中に 2 回だけミスをする確率が	18.4 %
N 回中に 3 回だけミスをする確率が	6.1 %
N 回中に 4 回だけミスをする確率が	1.5 %
N 回中に 5 回だけミスをする確率が	0.3 %

になることを意味します。これらの確率が、なんと N の値に無関係に決まってしまうのが、神秘的なところです。

 ただし、ポアソン分布は N が大きいときに成り立つ二項分布の近似式だということを忘れないでください。N が 2 や 3 のような小さい数のときには、二項分布とのずれが大きすぎて使えません。N がだいたい 50 以上あれば、ポアソン分布は十分に成り立ちます。

たとえば、1000 字に 1 字の割合で文字の書き損じをする文章力の方は、1000 字ともミスなしで文章を書き終える確率が約 37 %、1 字だけミスをする確率も約 37 %、2 字だけミスをする確率が約 18 %、……、というわけです。もうひとつの例を挙げておきましょう。

実例で考えましょう5-2

365 人の人々を、日本全国からランダムに集めてきたと思ってください。私の誕生日は 1 月 2 日ですが、集めてきた 365 人の中に、私と同じ誕生日の人が 1 人もいない確率、1 人いる確率、2 人いる確率、……、をそれぞれ求めていただけますか。

第5章　不良品からあなたを守る術

　[答えはこちら→] 365ある月日のうち，ある特定のひとつに生まれ落ちる確率は，もちろん $p=1/365$ です。365人集めてきたなら $n=365$ ですから，$m=np=1$ のポアソン分布が成り立ちます。したがって，

　　　1人もいない確率は　　36.8％
　　　1人だけいる確率は　　36.8％
　　　2人だけいる確率は　　18.4％
　　　3人だけいる確率は　　 6.1％
　　　4人だけいる確率は　　 1.5％
　　　……（以下，略）……

ということになります。365人も集めてくれば，1人くらい同じ誕生日の人がいてもよさそうなのに，まったくいない確率も約37％もあるのですから，不思議なものです。■

　ポアソン分布を巡る逸話として有名なのは，
「プロシャの陸軍で，1875〜1894年の20年間に10個部隊（すなわち，のべ200部隊）について，1年間に馬にけられて死んだ兵士の数を調べたデータが，ポアソン分布の計算値とよく合う」
という事実だそうです。きっと，馬にけられて死ぬことが，かなり珍しいことだからでしょう。
　ほかにも，すいた道路で1時間あたりに通過する車の台数，1日あたりの電話が鳴る回数，遺伝子の突然変異数，本の誤植の個数，などなどが，ポアソン分布の例として知られています。さまざまな現象で顔を出す，ポアソン分布です。

Column 12
パソコンは万能ではないのだ

　二項係数 $_nC_r$ は、n がふえると計算がめんどうになって実用的でない……という趣旨のことを書きました。とはいえ、情報関連技術の発達した現代、

「人間が計算するのはめんどうでも、コンピュータにやらせればいいではないか」

と反論する方もあるかもしれません。
　これはこれで、もっともな話です。じっさい、ちょっと値の張る関数電卓や、パソコンの表計算ソフトには、$_nC_r$ を計算する機能が標準装備されていますから、$_{24}C_r$ くらいなら、キーを叩けばすぐに答えが出るのが現状です。
　しかし、だからといって、

「では、ポアソン分布のような近似を使わなくても、コンピュータに力ずくで計算をさせて、二項分布のままで厳密な答えを出せばいいではないか」

とまで言い切ってしまうのは、ちと、早計にすぎます。コンピュータの優れた計算力も、決して無限ではないからです。
　実際の工業で生産されているような、100万とか1000万の n について、いちいち二項係数をまじめに計算するのは、コンピュータにとっても容易なことではなく、計算量が多くなって非常に時間がかかります。ポアソン分布のように指数関数で近似されていたほうが、コンピュータにも処理しやすく、計算にかかる時間が劇的に短くてすむのです。

> たしかに、パソコンを長時間動かしさえすれば、「不良率1%のとき、100万個の製品中の不良品が1万個以内ですむ確率」といったものを二項分布から正直に求めることもできます。が、同じものをポアソン分布から素早く計算しても、なん桁もの精度で一致し、ほとんど誤差は出ません。
> やはり、効率よく仕事をすすめるためにも、ポアソン分布の近似は不可欠のようです。

5.4
えっ！ 不良品も合格するの？

たとえ話としては、ちょっと問題かもしれませんが、学校であれ工場であれ、あらゆる試験には運不運がつきまとうものです。

どなたでも、試験範囲の全域にわたって均一な実力をもっているとは限らないのに、試験はそのうちの一部だけをつまみ食いして、採点・評価するからです。その結果として、平均的には実力が高いのに不運にも落第してしまったり、その逆が起きたりすることは避けられません。

工場で大量に生産されている製品についても、同様なことが起こります。製品の品質を調べるための破壊検査が必要なときに、全数検査をしてしまっては元も子もなくなりますから、抜取検査に頼るしかありません。しかし、そうすると、
「たくさんの不良品を含みながら、悪運強く不良品が見つからずに、製品全体が合格してしまう場合」
が生じますし、逆に、

「ほんの少ししか含まれていなかった不良品が見つかって，製品全体が不合格の判定を受ける場合」

もあるでしょう。そこで，この2つの場合を，どのように妥協させるかに話をすすめていこうと思います。

合否判定のメカニズム

ひとつの例として，同じ工程で生産された多数の製品のグループがあると思ってください。こういうグループのひとかたまりを**ロット**といいます。

そして，このロットから24個の標本を取り出して，破壊検査を行いましょう。なお，標本の数を24個としたのは，式（5.19）などの計算結果を利用するためで，他意はありません。

以前のくじ引きの例と同じく，ここでも「多数の製品」というのが肝心です。ロット全体の個数は非常に多くて，24個のサンプルを取り出したくらいでは，残る多数の良品・不良品の割合には影響しない……と考えてください。

検査の結果，標本が24個とも良品であれば，ロットをまるごと合格とします。また，24個の中に不良品が1個だけ含まれていた場合も，ロットをまるごと合格としましょう。

ただし，不良品が2個以上も発見された場合は，ロットをまるごと不合格として廃棄する覚悟です。大損害ではありますが，このロットを市場へ流すと，メーカーの信用を著しく損なうおそれがあるからです。

さて，このような判定基準は，メーカーにとって，およびユーザーにとって，どのような意味をもつのでしょうか……。

第5章 不良品からあなたを守る術

　では，このロットがめでたく合格する確率，あえなく不合格になる確率を，求めてみます。

　製品のロットの不良率をpとしましょう。pは，もちろん小さい値です。そうすると，そのロットから取り出したn個の標本の中にr個の不良品が含まれる確率は

$$P(r) = \frac{(np)^r e^{-np}}{r!} \qquad (5.13)\text{ と同じ}$$

というポアソン分布で表されます。ここで，

$$np = m \qquad (5.14)\text{ と同じ}$$

とおけば，この式は

$$P(r) = \frac{m^r}{r!} e^{-m} \qquad (5.15)\text{ と同じ}$$

と書けるのでした。

　いま，このロットの不良率が1％（$p=0.01$）であるとしましょう。不良率1％のロットから製品を24個取り出すと，その中にr個の不良品が含まれている確率$P(r)$は

$$\left. \begin{array}{l} P(0) = 0.787 \\ P(1) = 0.189 \\ P(2) = 0.022 \\ P(3) = 0.002 \end{array} \right\} \qquad (5.19)\text{ もどき}$$

となるのでした。

そこで，これらの値を棒グラフに描いてみました。それが，**図5-2**（b）の柱状グラフです。

ここで私たちは，

「取り出した24個の標本の中に，不良品が2個以上発見されたときには，このロットをまるごと不合格」

として廃棄するつもりであったことを，思い出してください。すなわち，不良率1％のロットに対して，このような約束で抜取検査をすると，（b）の柱状グラフのように，このロットがまるごと不合格になる確率が

$$P(2) + P(3) + \cdots = 0.022 + 0.002 + \cdots = 2.4\%$$

だけある，ということになります。一方で，不良率1％のロットが，この検査では

$$1 - 0.024 = 0.976 = 97.6\%$$

という高確率で合格する，ということでもあります。

図5-2は，「24個の標本の中に，不良品がゼロか1個であればロットは合格」というルールで検査をした場合，

（a）不良率が0.5％のロットが，99.33％の確率で合格
（b）不良率が 1％のロットが，97.6％の確率で合格

第5章　不良品からあなたを守る術

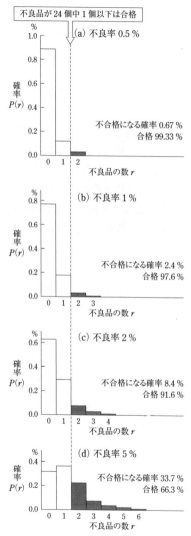

図5-2　ロットが合格する確率

(c) 不良率が 2％のロットが，91.6％の確率で合格
(d) 不良率が 5％のロットが，66.3％の確率で合格

することを示しています。

　この4つの結果を，ロットの不良率を横軸に，ロットが合格する確率を縦軸にとったグラフの上に打点(プロット)してみます。すると，**図5-3**の点 (a)～(d) のように並びます。

　さらに，実用性は考慮せずに，ロットの不良率がもっと大きな範囲についても同様な計算を行って曲線を右側へ伸ばしていくと，図示したような曲線が出現します。この曲線は**検査特性曲線**とか，**OC曲線** (operating characteristic curve) とか呼ばれ，標本調査の性格を端的に表す小道具として知られています。

　この曲線は，当然のことながら，「24個の標本に含まれる不良品が1個以下ならロットは合格」という判定基準が変わるにつれて，位置も形も変わります。**図5-4**には，標本の数を24に固定して判定基準を変えたときのOC曲線を書き込んでありますので，参考になさってください[*5]。

生産者リスクと消費者リスクのゆずりあい

　製品の品質を確認するために破壊検査が必要なときには，全数検査をしてしまっては元も子もなくなるので，抜取検査に頼るしかありません。そうすると，良品を不合格にしてしまうリスクと，不良品を合格させてしまうリスクを，ある程度は容認せざるを得ません。

　このリスクを巡っては，この章のはじめのほうでも申し上げたように，生産者と消費者の利害が対立しているのがふつ

第5章 不良品からあなたを守る術

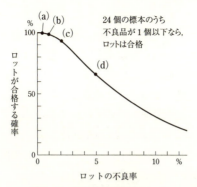

図5-3 これをOC曲線という

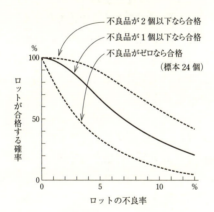

図5-4 判定基準によってOC曲線は変わる

---

*5 OC曲線は，標本の個数と，その中に含まれる不良品の個数の組み合わせによって，さまざまに変化します。興味のある方は，大村平著『QC数学のはなし』（日科技連出版社，2003）を参照してください。

うです。

　生産者側からいえば，せっかく手間ひまと経費をかけて作った製品だから，不良品が少しくらい混じっていても，消費者に買い取ってもらいたいし，少なくとも，不良率の小さなロットが不合格となるような検査法は容認できない……。

　いっぽう，消費者側からいえば，お金を払って製品を買い取る以上，ごくわずかな不良品の混入はがまんするとしても，不良率が大きいロットは，ぜひ，検査の段階で排除してほしい……というわけです。

　このように生産者と消費者の利害が対立しているのですから，できることなら，不良率を知りたいところです。不良率がある値以下なら取引は成立，その値を超えるなら取引は不成立と，明確な一線が引けますから……。しかし，この判定を確認するには全数検査が必要になり，検査が破壊検査の場合には，商品のすべてが消滅してしまうので，本末転倒どころの話ではありません。

　そこで，お互いに一歩ゆずることにしましょう。生産者のほうは，優良なロットが不合格となる確率を多少がまんします。消費者のほうは，粗悪なロットを合格として受け取る小さな確率を覚悟します。このようにして，抜取検査のリスクを，メーカーとユーザーで分担しあわなければ，取引が成立しません。

　その際，生産者が分担するリスク，すなわち「優良なロットが不合格となるリスク」のほうを**生産者リスク**と呼び，消費者が分担するリスク，つまり「粗悪なロットを良品として受け取るリスク」のほうを**消費者リスク**と呼び分けるのも，

ふたたび,あわて者とぼんやり者の誤り

　前項までの筋書きは,脳が正常な方なら,聞いているうちに混乱してくるのがふつうです。なにしろ,ロットの不良率と,それが検査に合格する確率と,不合格になる確率の3つの値が,どれも%で表されてからみあっているからです。

　そこで,頭を整理するために**図5-5**を見ていただこうと思います。まず,横軸にはロットの不良率(p)をとりましょう。ロットの不良率は,そのロットについて全数検査をしたとすれば判明する値です。

もちろん,ほんとうに全数検査をしてしまったら,すべての製品が破壊されて,検査そのものの意味が失われてしまいます。あくまで,ロットの不良率自体はわからないものと考えなければなりません。
　そこで,とりあえず,不良率をある値 p とおきます。そして,p を 0 から 1 まで動かしながら,おのおのの値についてロット合格率の計算を行い,曲線を描いてみるつもりです。

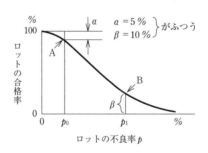

図5-5　生産者リスクαと消費者リスクβを分担する

そして,「24個の標本のうち不良品が1個以下ならロットは合格」というような合否判定の基準を決めておきます。その合否判定基準のもとで,不良率がpのときに,「そのロット全体が合格するであろう確率」を「合否判定のメカニズム」の項で行ったような計算で求めます。ロットの不良率pを変化させながら同様の計算を行っていき,ロット全体の合格確率をグラフ上に連ねると,図5-5のようなOC曲線が描かれるという次第です。

さて,それなら,不良率がp_0(ゼロに近い)という上等なロットでも,αという確率で不合格となるでしょう。この場合,生産者が貧乏くじを引くはめになるので,このαを**生産者リスク**といいます。

これに対して,不良率がp_1(ゼロから遠い)という粗悪なロットでも,βという確率で合格となる可能性があります。こんどは消費者が貧乏くじを引くことになるのですから,このβは**消費者リスク**と呼ばれて当然です。

このαとβは,**第1種の過誤**と**第2種の過誤**と区別されることもあります。さらに,αを**あわて者の誤り**,βを**ぼんやり者の誤り**と呼び分けたりもします。αのほうは,不良品がちょっと見つかっただけで,あわてて,上等なロットが不良であると判定しているからで,βのほうは,不良品が見つかっているのに,ぼんやりしていて,粗悪なロットを不合格と判定するのが遅れているからです。

「あわて者とぼんやり者の誤り」については,第4章でも詳述いたしました。あわせてご参照ください。

第5章　不良品からあなたを守る術

リスクを誰がどれだけ負うのか？

なお，実務においては，α を5％，β を10％とするのがふつうです。つまり，「不良率が低いのに，あわててロットを不合格にしてしまう」という生産者リスクを軽く，いっぽう，「不良率が高いのに，悪運強く合格となったロットをつかまされてしまう」という消費者リスクを重く設定することになります。

けしからん，客に重いリスクを押しつけるとはなにごとか，と眉をひそめられそうですが，こう考えてください。

ひとつのロットには非常に大量の製品が含まれており，抜取検査での結果がかんばしくなければ，ロット全量を不合格にしようというのです。もし，ほんとうの不良率は十分低いのに，あわて者の誤りによって多数の良品が廃棄されてしまっては，生産者にとって大損害です。この損失をカバーするには製品の価格を吊り上げねばならず，それは消費者にとっ

生産者のリスク α と，消費者のリスク β を分担しあう

ても得ではありません。

これに対して，消費者側は不良品をつかむ確率が高くなるといっても，実際そうなった場合にだけメーカーに苦情を申し立てて，不良品を良品に交換してもらえばいいだけです。いわば，多くの製品が広く市場に出回っているぶん，1人の消費者が負うリスクが分散されているとも考えられます。

そういうわけで，リスクを分担しあう消費者よりも，まとめてリスクを負担する生産者のほうの危険率を軽くするのが，市場の実情に合致するという次第なのです。

5.5
検査基準を決める手がかり

私たちは，この章の後半で，「あるロットから24個の標本を取り出して破壊検査する。不良品が24個中1個以内の場合には，ロットをまるごと合格とする」というような判定基準のもつ意味を詮索してきたのでした。

けれども，実際に私たちが標本調査の計画を立てるときには，あらかじめ「24個のうち不良品が1個以下なら合格」というような判定基準が決まっていて，そこからα, β, p_0, p_1などの値を求めるわけではありません。むしろ，

「標本をいくつ抜き取る必要があるか」，「不良品はそのうちのいくつ以内であるべきか」という検査基準を，α, β, p_0, p_1が所望の値になるように決める

第5章 不良品からあなたを守る術

必要があるのが、ふつうなのです。

ところが、それは非常にむずかしいので、まいってしまいます。技術的なことをいうと、検査基準の個数には端数が許されない（整数でなければならない）のがふつうです。したがって、図5-5のA点とB点を正確に通過するような曲線が、数学的には見つからないことが多いのです。

そこで、近似計算などによって、抜き取りによる標本の個数と、合格判定基準の一覧表が作られています。その代表例を、JIS Z 9002から抜粋して**表5-3**に載せておきましたから、ごらんください。

 表5-3は、日本規格協会編『JIS Z 9002：1956　計数規準型一回抜取検査（不良個数の場合）』（2005年3月20日現在）によります。
　JISの題名に**一回抜取検査**[*6]ということばが現れていますが、これは標本を抜き取ってロットの合否を決めるという試みを1回だけ行うことをいいます。本文で述べたのは、一回抜取検査に限定しています。

一例として、不良率0.5％に対する生産者リスク α が5％、不良率8％に対する消費者リスク β が10％となるような検査基準を求めてみましょうか。

まず、p_0 が0.5を含むように0.451〜0.560の行を選んでく

[*6] ロットの廃棄は大きな損失なので、できればやりたくありません。そこで、合否がきわどい（不良品の数が皆無ではないが、多くもない）場合には、2回目の標本抽出を行って、さらに精密に合否を調べるという流儀もあります。こういう敗者復活戦のような取り計らいを、一回抜取検査に対して**二回抜取検査**と呼んでいます。

表5-3 抜き取り個数と合格判定基準数($\alpha=5\%$, $\beta=10\%$)

$p_1\%$ \ $p_0\%$	2.81〜3.55	3.56〜4.50	4.51〜5.60	5.61〜7.10	7.11〜9.00	9.01〜11.2	11.3〜14.0	14.1〜18.0
0.281〜0.355	120 1	100 1	100 1	80 1	20 0	20 0	15 0	15 0
0.356〜0.450	150 2	100 1	80 1	80 1	60 1	15 0	15 0	15 0
0.451〜0.560	150 2	120 2	80 1	60 1	60 1	50 1	15 0	15 0
0.561〜0.710	200 3	120 2	100 2	60 1	50 1	50 1	40 1	10 0
0.711〜0.900	250 4	150 3	100 2	80 2	50 1	40 1	40 1	30 1
0.901〜1.12	300 6	200 4	120 3	80 2	60 2	40 1	30 1	30 1
1.13〜1.40	500 10	250 6	150 4	100 3	60 2	50 2	30 1	25 1

ださい。つぎに，p_1が8を含むように7.11〜9.00の列を選びます。そして，この行と列の交点を見ると，そこには（60 1）という値が載っています。すなわち，60個の標本を取り出して検査し，不良品が1個以下ならば，このロットはまるごと合格と判定できるということです。

気をつけて表を見ていただくと，p_0とp_1の値が近いほど，たくさんの標本が必要となることがわかります。同じくらいの不良率に対して，生産者と消費者の願望がもろに衝突しているので，厳密な検査を必要とすることを物語っているわけです。

利害がもろにからんだ標本調査，すなわち抜取検査の理屈に少し深入りしすぎたようです。生産や商取引の現場では，

確率論を基礎とする統計解析の手法が重要な行司役を果たしていることをご紹介したいばかりに，ついつい，長話をしてしまいました。

第 **6** 章

じょうずな実験教えます

分散分析と実験計画法のダイジェスト

6.1
誤差を分離して効果を求める

　運・不運は天の定め……などといいます。ありがたいことです。この世に運も不運もなく，すべての結果が自己責任で，言い訳無用だとしたら，日々の重圧が，さぞかし，うっとうしいことでしょう。

　そうは思うものの，場合によっては，運・不運による偶然の影響を取り除いた，正味（しょうみ）の姿を知りたいことも少なくありません。

　その一例として，**表6–1**をごらんください。これは，ある実験の結果なのですが，内容はなんでもかまいません。4段階の気温のレベルにつれて変化した来客数とか，L_1, L_2, L_3, L_4 という4種の餌によって釣れた魚の数など，お好きな

4種類の餌で，魚の釣れぐあいはどう変わる？

第6章 じょうずな実験教えます

表6-1 これで、なにがわかる？

レベル	L_1	L_2	L_3	L_4
データ	14	11	16	12

具体例を思い描いてください。

餌の種類に4段階のレベルがあるという表現はやや不自然な感じもしますが、もとはといえば、温度や圧力のような連続量を対象にして発展した考え方ですから、気にしないで先へすすみましょう。

このようにみなすと、気温とか餌の種類とかのレベルがデータを決めていることになるので、これを**因子**といいます。そして、この例では、因子の**水準**（**レベル**ともいいます）が4段階に変化している、と考えるわけです。

では、表6-1のデータの値をごらんください。レベルがL_3のときにもっとも大きく、レベルがL_2のときにもっとも小さい値になっているのが読みとれました。

しかし、ここからただちに各レベルによる効果が判明したと思うのは、早計です。これらの値には、L_1, L_2, L_3, L_4というレベルから受ける効果のほかに、偶然による誤差も加算されているにちがいないからです。

このような誤差を取り除いて、ほんとうの効果だけを読みとりたいところです。ところが、このデータだけでは誤差を取り除く手がかりが、まったくありません。どうすればいいのでしょうか……。

実験回数をふやせば、誤差がわかる

解決策は、実験の回数をもっとふやしてみることです。そ

うすれば、同じレベルの実験結果に発生するデータのばらつきから、誤差の大きさが読みとれると期待できるからです。

というわけで、同じ実験を1回で終わらせるのではなく、3回繰り返すことにしました。その結果が**表6-2**です。

こんどは、たとえば因子のレベルがL_1のときのデータが14, 12, 13というように、ばらついていることがわかります。このばらつきは誤差によって発生したものと考えられますから、その誤差を取り除いてやれば、真の効果が求まるにちがいありません。

誤差を取り除いて効果を求める作業は、つぎのように進行します。**表6-3**を目で追ってください。

まず、12個のデータの平均値を求めると、13です。

つづいて、L_1の列に並ぶ3つの値の14, 12, 13を合計すると39、それを3で割ると13で、これがL_1の列の平均です。全体の平均も同じく13でしたから、L_1の列ではとくに得することも損することもないことになります。したがって、L_1の列であることの効果は0です。

つぎに、L_2の列にすすみます。こんどは、11と8と14の合計が33なので、L_2の列の平均は11です。これは全体平均13に比べると2だけ小さな値です。だから、L_2の列には-2

表6-2 こんどは、なにがわかる?

繰り返し \ レベル	L_1	L_2	L_3	L_4
①	14	11	16	12
②	12	8	18	11
③	13	14	14	13

第6章 じょうずな実験教えます

の効果が認められます。

同様に、L_3とL_4の列についても効果を調べると、それぞれ3と-1の効果が見いだされます。

ここで、検算として、
- 4つの「列の平均」をさらに平均した値が、全平均13と等しくなっていること
- 4つの「列の効果」の合計がゼロになること

を確認しておいてください。

調子に乗って、表6-3の下半分にすすみましょう。上半分に並んでいる12個の生データから、それぞれ「列の平均」の値を差し引いた値を書き並べてください。これらの値は、偶然に紛れ込んだ誤差と考えるほかないでしょう。もし

表6-3 効果と誤差を分離する

レベル	L_1	L_2	L_3	L_4	
①	14	11	16	12	全平均 13
②	12	8	18	11	
③	13	14	14	13	
列の合計	39	33	48	36	
列の平均	13	11	16	12	
列の効果	0	-2	3	-1	

🌱 生データから各列の平均を引く

		L_1	L_2	L_3	L_4	
誤差	①	1	0	0	0	合計0
	②	-1	-3	2	-1	
	③	0	3	-2	1	

誤差がなければ，列ごとの3つの値は，互いに等しいはずだからです。

こうして，4つのレベルの効果（列の効果）が

$$0, \quad -2, \quad 3, \quad -1$$

であることが判明しました。4つのレベルが4種類の釣りの餌ならば，L_3という餌に最大の効果が認められる……と判定していいでしょう。

6.2
効果と見たのも幻ではあるまいか？

「ばらついている生データから列の効果を分離し，残りを誤差とみなす」というやり方が，前の節で私たちの行ってきたことでした。

しかし，ほんとうにそれで正しかったのでしょうか。ほんとうは，列の効果などもともと存在せず，生データのばらつきのすべてが誤差だったのではないか……との疑いを捨てきれません。そこで，ほんとうに列の効果が存在することを確認しておこうではありませんか。

それには，第4章で大いに活躍した，**検定**の考え方を利用しましょう。すなわち，

$$\frac{\text{列の効果のばらつきの大きさ}}{\text{誤差のばらつきの大きさ}} \tag{6.1}$$

第6章　じょうずな実験教えます

の値をまず求めます。そして，この値が，列の効果がなければめったに起こらない（確率が5％以下）ほど大きければ，この値は偶然ではなく，列の効果が確かに存在すると認めることにするのです[*1]。

検証作業の実際をお見せします

では，作業を始めます。まず，ばらつきの大きさを数値で表す必要がありますが，それには**不偏分散**（記号Vで表します）を使うのがぴったりです。

> 💡 **分散**とは標準偏差を2乗した量のことです。第1章をご参照ください。とくに，母標準偏差の不偏推定値$\hat{\sigma}$（3.2節参照）を2乗したものを，不偏分散といいます。

n個のデータから求める不偏分散は，第3章を参照していただいて（式(3.12)で，$\hat{\sigma}^2 = V$, $s^2 = \sum(x_i - \bar{x})^2/n$とおきます），

$$V = \frac{1}{n-1} \sum (x_i - \bar{x})^2 \qquad (3.12) もどき$$

で計算すればいいでしょう。ここで，右辺をデータの個数nではなく，それより1小さい$n-1$で割っているのは，データが自分たちで作り出した平均値$\bar{x}$を使ったむくいで，計算結果が小さめに偏るのを修正するためです（付録❶参照）。

[*1] うるさくいうと，まず「列の効果は存在しない」という仮説を立て，その仮説が正しいとしたら実験結果はめったに起こらないから，仮説はまちがいとして棄却される……という段取りを踏むことになります。第4章で，こうした検定の考え方を詳しくご紹介しました。

このあたりは，統計数学の勘どころです。そこで，私たちは，不偏分散を

$$V = \frac{1}{\phi} \sum (x_i - \overline{x})^2 \tag{6.2}$$

で表して数値計算をすることにしましょう。この式の中にあるϕは自由度というやっかい者ですが

標本の個数 − 使った平均値の個数 = 自由度

(3.25) と同じ

と理解しておけば，実用上，問題ありません。

分散Vとは，とりもなおさず，ば·ら·つ·き·を表現する量です。検定の考え方を利用するために求めようとしていた式(6.1) は，この分散を用いれば，

列の効果の不偏分散　を　V_1
誤差の不偏分散　　　を　V_2

とおいて

$$\frac{V_1}{V_2} \quad (=Fとしましょう) \tag{6.3}$$

で表されることになりました。

第6章 じょうずな実験教えます

しつこいようですが，
- 「列の効果」……各列の平均から全平均を引いた差
- 「誤差」……生データから，それぞれの列の平均を引いた差

であることを，確認しておいてください。

ではさっそく，このFの値を求めていきましょう。**表6-4**に，効果と誤差の値を表6-3から抜き書きしてありますから，これらを使ってV_1とV_2を計算します。

(1) 列の効果の不偏分散を求める

まず，V_1のほうです。列の効果は表6-4の上半分のとおりで，0，-2，3，-1の4つがあり，これらを作り出すために全平均を使っているので，自由度ϕ_1は

$$\phi_1 = 4 - 1 = 3 \tag{6.4}$$

です。そうすると，V_1は，平均値が0なので

$$V_1 = \frac{1}{3}\{0^2 \times 3 + (-2)^2 \times 3 + 3^2 \times 3 + (-1)^2 \times 3\} = 14 \tag{6.5}$$

表6-4 効果と誤差の一覧表

		L_1	L_2	L_3	L_4
効 果 (V_1の素)	①	0	-2	3	-1
	②	0	-2	3	-1
	③	0	-2	3	-1
誤 差 (V_2の素)	①	1	0	0	0
	②	-1	-3	2	-1
	③	0	3	-2	1

207

となっています。

(2) 誤差の不偏分散を求める

つづいて，V_2 を求めましょう．誤差の値は表6-4の下半分のとおりなのですが，この12個の値を作り出すために，13, 11, 16, 12という4つの平均値を使いましたから，自由度 ϕ_2 は

$$\phi_2 = 12 - 4 = 8 \tag{6.6}$$

です[*2]。また，こんども平均値はゼロですから，

$$V_2 = \frac{1}{8}\{0^2 \times 4 + 1^2 \times 2 + (-1)^2 \times 2 + 2^2 \times 1 \\ + (-2)^2 \times 1 + 3^2 \times 1 + (-3)^2 \times 1\} = \frac{30}{8} = 3.75 \tag{6.7}$$

となりました。

そうすると，私たちが知りたい F の値は，これらの結果を式 (6.3) に代入すれば

$$F = \frac{V_1}{V_2} = \frac{14}{3.75} \fallingdotseq 3.73 \tag{6.8}$$

と，求められたわけです。

[*2] 自由度の数については，因子が1つなら
 $\phi_1 =$ レベルの数 -1
 $\phi_2 =$ レベルの数 $\times$ (繰り返しの数 -1)
と覚えておきましょう。

Fの値は偶然か,必然か

いよいよ最終段階です。「Fの値が3.73に達したのは単なるまぐれだった」としても不自然でないかどうか——5%以下の確率でしか起こらないかどうか——を確かめる必要があります。

ありがたいことに,Fの値の確率分布は,先人たちによって丹念に調べ上げられ,**F分布表**として市販されています。この本でも巻末の付録❻としてつけてありますが,その一部を**表6-5**としてここに載せておきますので,ご参照ください。そして,このF分布を使った検定のことを**F検定**と呼んでいるのも,道理です。

この節の例では,ϕ_1が3,ϕ_2が8でしたから,その位置にあるFの値が4.07になっていることを確認していただけますか。すなわち,Fの値が4.07より大きくなる確率が,5%しかないということです。

私たちのFの値は,その4.07よりは小さい3.73でしたから,ただの偶然のいたずらでこのような大きさの値になる確率は,5%よりだいぶ大きいはずです。したがって,表6-2

表6-5 F分布表の一部(上側確率5%)

ϕ_2 \ ϕ_1	1	2	3	4	5
…	…	…	…	…	…
7	5.59	4.74	4.35	4.12	3.97
8	5.32	4.46	4.07	3.84	3.69
9	5.12	4.26	3.86	3.63	3.48
…	…	…	…	…	…

のような列の効果は，単に偶然の結果として発生したとの疑いを捨てきれず，有意差があるとは判定できないというのが結論です。

Column 13　人生いろいろ，検定もいろいろ

これまでに登場した代表的な検定は，t検定，χ^2検定，そして，ここで紹介したF検定の3種類です。これら3つは，いずれも統計の現場で実際に活躍するものですが，どんな場合にどれを使えばいいのか，慣れていないとややこしいことも少なくありません。ここに，それぞれの検定の働きをまとめておきましょう。

t検定

ある集団の平均値についての検定です。たとえば，「ウナギのいくつかの標本の体重がわかっているとき，母集団の平均体重が280グラムか否か」「新しい指導法を導入した結果，生徒の平均点は従来の68点より上がったか」などの検定に用いることができます。

χ^2検定

ある集団の値のばらつき（標準偏差）についての検定です。たとえば，「ダイスをなん回か振って，それぞれの目の出た回数に偏りがあるか」「ある乱数表には0〜9の数字が均等に現れているか」などの検定に用いることができます。

F検定

2つの集団のばらつき（分散，つまり標準偏差の2乗）の比についての検定です。たとえば，「正味の効果は，まぐれによる誤差に比べて顕著か」「機械Aと機械Bで同じ部品を作るとき，寸法のばらつきはどちらが小さいか」などの検定に用いることができます。

第6章　じょうずな実験教えます

なお、せっかくややこしい作業に付き合ったのに、結論が「有意差なし」ではつまらないとお思いの方は、表6-2のL$_2$の列を「11, 9, 13」に変えて検定をやり直していただけませんか。こんどは「有意差あり」となり、溜飲(りゅういん)が下がります。

なぜ、「11, 8, 14」のときには有意差が認められず、「11, 9, 13」のときには有意差が認められたのでしょうか。それは、前者の場合には誤差のばらつきが大きすぎて、その中に効果が埋没してしまったのに対して、後者では誤差が小さくなったために効果が視認できるようになったからです。

このように、効果と誤差の分散どうしを比較して、効果の有意性を判定する方法は、**分散分析**と呼ばれています。各種の製法で生産された製品の品質を比較して製法によって品質に差が出るかどうかを確認したり、教育法とその効果を調べたり、広範囲に応用できる方法なので、ぜひご利用ください。

6.3
分散分析のしくみを解き明かす

分散分析は、考え方も計算手順もぜんぜんむずかしくありません。ところが、実際に作業をすすめているうちに、これでいいのかなと不安になることがしばしばです。同じような数値をあちらこちらへやりとりするばかりか、自由度という概念に自信がもてないからです。

そこで、分散分析のしくみを別の視点から整理してみようと思います。きっと、ガッテンとひざを叩(たた)いていただけるこ

とでしょう。

例として,表6-3の上半分を有効活用しようと思います。この例では,3行4列に並んだ12個のデータが8〜18の範囲にばらついていました。このばらつきは,

「私たちが意図的に因子を4レベルに差別化して
作り出そうと期待しているばらつき」

と,

「勝手にもぐり込んできた誤差による
期待されないばらつき」

とが混じりあったもののはずでした。そこで,この2種類のばらつきを分離して比較し,期待したばらつきが確かに存在するかどうかを判定したのでした。

つづいて,こんどは,観測されたばらつきのすべてが,因子のレベルを変えて意図的に作り出したばらつきと,誤差による無意味なばらつきに分割されていることを確認しておきましょう。

(a) 総変動

まず,**表6-6**(a)をごらんください。これは,8〜18の範囲にばらついていた私たちの生データから,それらの平均値13をいっせいに差し引いた値,すなわち,観測されたばかりの生データに見られるばらつきの一覧表です。

この12個のばらつきの大きさを総合して表示するには,

第6章 じょうずな実験教えます

表6-6 変動の素, いろいろ

データ－全平均	列平均－全平均	データ－列平均
1 -2 3 -1	0 -2 3 -1	1 0 0 0
-1 -5 5 -2	0 -2 3 -1	-1 -3 2 -1
0 1 1 0	0 -2 3 -1	0 3 -2 1
(a)総変動の素	(b)因子変動の素	(c)誤差変動の素

それぞれの値を2乗して合計するのがいいでしょう。それが、分散などを求めた場合と同様な、統計数学の常套手段だからです。実行してみると

$$1^2 + (-2)^2 + 3^2 + \cdots + 1^2 + 0^2 = 72 \tag{6.9}$$

となります。この値は**総変動**と呼ばれます。

(b) 因子変動

つぎへすすみます。こんどは、表6-4の上半分です。そこには、因子のレベルを変化させたことによるばらつきの値が並んでいましたから、それを表6-6 (b) に転記してあります。総変動を求めたときと同様に、これらの値を2乗して加え合わせると

$$0^2 \times 3 + (-2)^2 \times 3 + 3^2 \times 3 + (-1)^2 \times 3 = 42 \tag{6.10}$$

となります。

これは、因子のレベルによる変動ですから、**因子変動**という呼称がぴったりです。ときには、クラス（レベル）別によ

る変動であることを意識して,**級間変動**と呼ばれることも少なくありませんが……。

(c) 誤差変動

あとに残ったのは,表6-4の下半分の誤差で,改めて,表6-6 (c) に転記してあります。これら12個の値を,それぞれ2乗して合計すれば

$$1^2 + 0^2 + \cdots + (-2)^2 + 1^2 = 30 \qquad (6.11)$$

となり,これは,だれが名づけても**誤差変動**しかないでしょう。

それでは,式 (6.9) と式 (6.10) と式 (6.11) の値をごらんください。

総変動 (72) = 因子変動 (42) + 誤差変動 (30)

となっていて,ちゃんと勘定が合っています。

そして,意図して作り出した因子変動が42,無意味な誤差変動が30で,両者は大差ない値です。このことからも,因子による変動の有意差が認められなかったことに納得がいくでしょう。

つづいて,自由度のほうも調べておこうと思います。なんといっても,自由度は,統計解析を志す方々にとって,最大の難敵ですから……。

まず,総変動の場合は,**表6-7** (a) のように,12個の生

第6章 じょうずな実験教えます

表6-7 変動と自由度の内訳を確認

データ－全平均		列平均－全平均		データ－列平均
$\begin{bmatrix} 1 & -2 & 3 & -1 \\ -1 & -5 & 5 & -2 \\ 0 & 1 & 1 & 0 \end{bmatrix}$	$=$	$\begin{bmatrix} 0 & -2 & 3 & -1 \\ 0 & -2 & 3 & -1 \\ 0 & -2 & 3 & -1 \end{bmatrix}$	$+$	$\begin{bmatrix} 1 & 0 & 0 & 0 \\ -1 & -3 & 2 & -1 \\ 0 & 3 & -2 & 1 \end{bmatrix}$
総変動(72)	=	因子変動(42)	+	誤差変動(30)
自由度(11)	=	自由度(3)	+	自由度(8)
(a)		(b)		(c)

データから,それらの全平均をいっせいに引いた値をもとにして作り出されます。使用する平均値は1つだけなので,自由度 ϕ は

$$\phi = 12 - 1 = 11 \tag{6.12}$$

となります。

また,列の効果(列平均－全平均)については,式(6.4)によって

$$\phi_1 = 3 \tag{6.4 もどき}$$

でしたし,さらに,誤差の自由度は,式(6.6)によって

$$\phi_2 = 8 \tag{6.6 もどき}$$

だったことを思い出してください。きっちりと

$$\underbrace{\phi}_{11} = \underbrace{\phi_1}_{3} + \underbrace{\phi_2}_{8} \tag{6.13}$$

も成り立っていて,自由度の取り扱いにもミスがなかったことを保証してもらえたようです。

6.4
因子が2つ以上にふえたら?

話が一段階,高級になります。**表6-8**を見てください。

こんどは,データが2つの因子,AとBによって左右されています。Aのほうは餌の種類,Bのほうは釣り針の型で,表の中の数字は,餌と釣り針のそれぞれの組み合わせによって一定時間内に釣り上げられた魚の数,とでも思っていただきましょうか。因子が2つにふえたので,いままでより高級そうに見えます。めげずに,因子Aと因子Bの効果を分散分析していきましょう。

まず,列(因子A)のほうの効果を求めましょう。作業の手順は表6-3の上半分と同じですから,どうということも

表6-8 2因子によるデータ

因子B \ 因子A	A_1	A_2	A_3
B_1	17	10	18
B_2	9	6	12

ありません。すいすいと,A_1,A_2,A_3のそれぞれの効果が

$$1,\ -4,\ 3$$

と求まります。

つづいて,行のほうの効果,つまり,因子Bの効果を求めてください。こんどはB_1とB_2のそれぞれについて,データの値を行(横)の方向に合計し,3で割って行ごとの平均を求め,その値から全平均12を引けば,「行の効果」,すなわち,因子B_1と因子B_2の効果が求まる理屈です。

ここで,生データの性格に思いを致すと

$$\text{生データ} = \text{全平均} + \text{行の効果} + \text{列の効果} + \text{誤差} \quad (6.14)$$

と考えるのが当を得ていますから

$$\text{誤差} = \text{生データ} - \text{全平均} - \text{行の効果} - \text{列の効果} \quad (6.15)$$

によって誤差の値を求めると,**表6-9**のように誤差の値が分離できました。

表6-3のときには,なるべく話を単純にするために
　　　全平均+列の効果=列の平均
とみなして
　　　生データ=列の平均+誤差
としてありました。今回は,新たに「行の効果」を勘定に入れようというつもりです。

表6-9 2つの因子の効果と誤差を分離する

因子B \ 因子A	A_1	A_2	A_3	行の合計	行の平均	行の効果
B_1	17	10	18	45	15	3
B_2	9	6	12	27	9	−3
列の合計	26	16	30	72		
列の平均	13	8	15	全平均=12		
列の効果	1	−4	3			

🌱 生データ − 全平均 − 列の効果 − 行の効果

誤差	因子	A_1	A_2	A_3
	B_1	1	−1	0
	B_2	−1	1	0

表6-10 効果と誤差の一覧表

	因子	A_1	A_2	A_3
Aの効果	B_1	1	−4	3
	B_2	1	−4	3
Bの効果	B_1	3	3	3
	B_2	−3	−3	−3
誤　差	B_1	1	−1	0
	B_2	−1	1	0

これらの結果を、使いやすいように一覧表にしたのが**表6-10**です。

検定作業を実行してみよう

さあ、AとBという2つの因子について、その効果をF検定するための下準備ができました。さっそく、検定作業に入

りましょう。

まず,因子A(列)の効果についてです。その自由度をϕ_{1A}, 不偏分散をV_{1A}とすると

$$\phi_{1A} = 3 - 1 = 2 \tag{6.16}$$

$$V_{1A} = \frac{1}{2}\{1^2 \times 2 + (-4)^2 \times 2 + 3^2 \times 2\} = 26 \tag{6.17}$$

となります。また,因子B(行)の自由度ϕ_{1B}と,不偏分散V_{1B}は

$$\phi_{1B} = 2 - 1 = 1 \tag{6.18}$$

$$V_{1B} = 3^2 \times 3 + (-3)^2 \times 3 = 54 \tag{6.19}$$

です。これらに対して,誤差の自由度ϕ_2と不偏分散V_2は

$$\phi_2 = (3-1)(2-1) = 2 \tag{6.20}$$

$$V_2 = \frac{1}{2}\{1^2 \times 2 + (-1)^2 \times 2\} = 2 \tag{6.21}$$

です。したがって,因子Aの効果の検定に使われるF_Aの値は

$$F_A = \frac{V_{1A}}{V_2} = \frac{26}{2} = 13 \tag{6.22}$$

となりますし,因子Bの効果を検定するためのF_Bのほうは

$$F_B = \frac{V_{1B}}{V_2} = \frac{54}{2} = 27 \tag{6.23}$$

であることを知りました。

では、F分布表の一部を転記した**表6-11**の数値と、F_A、F_Bの値とを見比べて、有意差の有無を判定しましょう。

まずは、F_Aについてです。ϕ_{1A}が2で、ϕ_2も2ですから、表6-11によると、19.0以上なら（危険率5％で）有意差があると判定できるはずです。しかし、式（6.22）で求めたF_Aは13でしたから、「有意差なし」と判定されることになります。

つまり、因子Aによるデータの変化のほうは、偶然のいたずらによるとの疑いを捨てきれず、A_1、A_2、A_3という因子の選択によってデータが変化しているとはいいきれない、と判定されてしまいました。

これに対して、F_Bのほうはどうでしょうか。ϕ_{1B}が1でϕ_2が2ですから、表6-11によって、18.5以上なら有意差が認められるのですが、式（6.23）で求めた私たちのF_Bは27もありましたから、文句なしに「有意差あり」と認められました。

検算を兼ねて、前節と同様に、変動と自由度の内訳を調べて、**表6-12**のように一覧表にしておきましたから、ご

表6-11　F分布表のほんの一部（上側確率5％）

ϕ_2 \ ϕ_1	1	2	3	4
1	161	200	216	…
2	18.5	19.0	19.2	…
3	10.1	9.55	9.28	…
4	…	…	…	…

第6章 じょうずな実験教えます

表6-12 見事に辻つまが合っています

$$\begin{bmatrix} 5 & -2 & 6 \\ -3 & -6 & 0 \end{bmatrix} = \begin{bmatrix} 1 & -4 & 3 \\ 1 & -4 & 3 \end{bmatrix} + \begin{bmatrix} 3 & 3 & 3 \\ -3 & -3 & -3 \end{bmatrix} + \begin{bmatrix} 1 & -1 & 0 \\ -1 & 1 & 0 \end{bmatrix}$$

総変動(110) ＝ 因子A変動(52) ＋ 因子B変動(54) ＋ 誤差変動(4)
自由度(5) ＝ $\phi_{1A}(2)$ ＋ $\phi_{1B}(1)$ ＋ $\phi_2(2)$

んください。そして，安心なさってください。

　最後に，蛇の足を付け加えます。この章では，因子の数が1つの場合と2つの場合について，実例を挙げながら分散分析の手順をご紹介しました。ところが現実の問題としては，因子の数が3つ以上の場合について分散分析が必要となる場合も少なくありません。

　この場合も，分析の考え方や手順はまったく同じですから，ここで紹介した手法が大いに役立つことはまちがいありません。ただし，数値の配列を3次元以上の空間の中で考えたりしなければならないので，いざ計算しようとすると，たいへんな頭の体操になってしまうことには，ご留意ください。

6.5
実験計画法のさわり

　分散分析の考え方は，わけても，科学のあらゆる分野で行われる実験に役立っています。たとえば，少ない回数の実験で，効率よく多くのデータを採集しようというときにも応用されています。

一例として、新種の野草が発見され、食用や薬用などバイオ分野への応用に有望なので、適切な栽培法を見いだすために、この野草の生長についての実験をしている……とでも思ってください。

野草の生長には、日照の有無、水分の多少、土質の3因子が効くと考えられるので

$$\text{日照の有無} \quad X \begin{cases} \text{有} & X_1 \\ \text{無} & X_2 \end{cases}$$

$$\text{水分の多少} \quad Y \begin{cases} \text{多} & Y_1 \\ \text{少} & Y_2 \end{cases}$$

$$\text{土質} \quad Z \begin{cases} \text{砂} & Z_1 \\ \text{泥} & Z_2 \end{cases}$$

を組み合わせた環境下で、生長の速さを測定することにしました。つまり、3つの因子の2レベルずつの（3因子2水準

植物の生長にはさまざまな因子が影響するもの

の) 組み合わせについて実験しようというわけです。

この場合, ごく平凡に考えれば, **表6-13**のような8種の組み合わせについて実験する必要があると思われがちです。ところがどっこい, うまい方法があるから, うれしくなってしまいます。表6-13の中から, 1, 4, 6, 7番の4種の組み合わせについてだけ実験すれば, 一応の目的は達成できるというのです……。まゆつばの話のようですが, その種明かしは, つぎのとおりです。

どうして8回が4回ですむの？

1, 4, 6, 7番の組み合わせで実験をしたところ, **表6-14**のようなデータを得たとしましょう。この4つのデータを使って, X_1, X_2, Y_1, …, Z_2の6つの値を求めたいのです。ただし, 4つのデータによって作られる4つの方程式を使って6つの未知数を求めることは, ふつうの代数では不可能ですから, 新しい着想が必要です。

表6-13 3因子2水準の組み合わせ

因子番号	X	Y	Z
1	X_1	Y_1	Z_1
2	X_1	Y_1	Z_2
3	X_1	Y_2	Z_1
4	X_1	Y_2	Z_2
5	X_2	Y_1	Z_1
6	X_2	Y_1	Z_2
7	X_2	Y_2	Z_1
8	X_2	Y_2	Z_2

表6-14 実験データ

番号＼因子	X	Y	Z	データ
1	X_1	Y_1	Z_1	11
4	X_1	Y_2	Z_2	13
6	X_2	Y_1	Z_2	7
7	X_2	Y_2	Z_1	9

そこで，まず，表6-13のすべての組み合わせについて実験をしたときの

　　平均値　が　m

であるとみなしましょう。そして，因子Xのレベルが

　　X_1　のときに　$+x$　の効果があり
　　X_2　のときに　$-x$　の効果がある

としましょう。すなわち，Xという因子は，X_1であるかX_2であるかによって，平均値mをxだけ押し上げるか，xだけ引き下げるかの効果を発揮すると考えるわけです。

同じように

$$\begin{cases} Y_1 \text{ には } y \\ Y_2 \text{ には } -y \end{cases} \quad \begin{cases} Z_1 \text{ には } z \\ Z_2 \text{ には } -z \end{cases}$$

の効果があると考えましょう。

こうすると，表6-14の実験データによって

第6章 じょうずな実験教えます

$$\left.\begin{array}{l} m+x+y+z=11 \\ m+x-y-z=13 \\ m-x+y-z=7 \\ m-x-y+z=9 \end{array}\right\} \quad (6.24)$$

となります。式（6.24）は平凡な4元1次の連立方程式ですから，これを解いて4つの未知数を求めることは，赤子の腕をひねるに等しいでしょう。途中経過を省略すれば

$$\left.\begin{array}{l} m=10 \\ x=2 \\ y=-1 \\ z=0 \end{array}\right\} \quad (6.25)$$

であることを知りました。

整理すると，XとYとZの3つの因子に左右される実験データは

$$\left.\begin{array}{l} 平均値は\quad 10 \\ 因子Xが \begin{cases} X_1なら+2 \\ X_2なら-2 \end{cases} \\ 因子Yが \begin{cases} Y_1なら-1 \\ Y_2なら+1 \end{cases} \\ 因子Zが \begin{cases} Z_1でも\pm 0 \\ Z_2でも\pm 0 \end{cases} \end{array}\right\} \quad (6.26)$$

の効果があると判明したことになります。

こういうわけですから、表6-13の8つの組み合わせのうち、今回は取り上げなかった番号2, 3, 5, 8の組み合わせで実験したとすれば、それらのデータは

$$
\begin{aligned}
&\text{番号2} \quad 10+2-1\pm 0 = 11 \\
&\text{番号3} \quad 10+2+1\pm 0 = 13 \\
&\text{番号5} \quad 10-2-1\pm 0 = 7 \\
&\text{番号8} \quad 10-2+1\pm 0 = 9
\end{aligned}
\tag{6.27}
$$

となったにちがいありません。

こうしてみると、私たちは、表6-13のように8種類の組み合わせについて実験が必要と考えていたにもかかわらず、4種類の実験で一応の成果を得たことになります。すごいテクニックだと思われませんか。

実験計画法への橋渡し

ところがどっこい、うまい話には裏があります。8回ぶんの実験が、完全に4回の実験で代用できるはずはないではないか……と、お疑いの向きもあるでしょう。そのとおりなのです。

この節の筋書きでは、実験につきものの誤差についてはまったく考慮していませんでした。また、特定の因子や水準が組み合わされたときだけに生じる食い合わせの効果があるかもしれません。上の例は、こうしたもろもろの効果を無視したきれいごとに終始していたのです。

第6章 じょうずな実験教えます

「食い合わせの効果」とは，2つ以上の因子があるときの効果が，ひとつずつの因子の効果の単純な足し算ではなくなる，というような意味です。たとえば，土質を泥にしたうえで日当たりをよくすると，太陽光によって土質が変化し，まったく別の効果が現れるかもしれません。この新しい効果を**交互作用**といいます。

そこで，このような実情もしっかり考慮に入れて，実験の組み立て方やデータの解析法を整理統合した分野が確立されています。その名を**実験計画法**ということをご紹介して，この章を閉じさせていただこうと思います。

第7章

今を知り，未来を占うテクニック

相関と回帰の一部始終

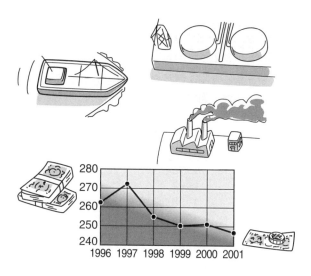

7.1
相関のショート・コース

　日本が大量の原油を輸入することによって国民の生活を維持していることは,周知の事実です。たまたま手元にある資料(『読売年鑑2003』,読売新聞社)によると,1996〜2001年における1年ごとの輸入量は,**表7-1**のように推移したとのことでした。

　百万kL(キロリットル)という輸入量の単位があまりにデカすぎて実感を伴いませんが,日本で消費される原油のほとんどすべてが輸入でまかなわれ,その大部分が中近東からの輸入であるという事実は,きちんと認識しておく必要がありそうです。

　余計なことを書きました。目を表7-1に移していただけますか。年によって輸入量にばらつきがありますが,おおまかにいうと,毎年,同じ程度の量が輸入されています。その一方で,年が経過するにつれて,輸入量が減少する傾向にあ

表7-1　生のデータ

年	輸入量(百万kL)
1996	263
1997	272
1998	255
1999	250
2000	251
2001	247

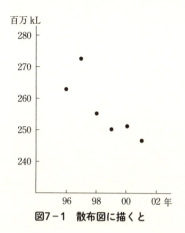

図7-1 散布図に描くと

るようにも思えます。

そこで、データを目で確かめるために、表7-1の値をグラフ用紙の上に打点してみました。それが**図7-1**です。このような図は、点がグラフ用紙の上に散布されているので、**散布図**と呼ばれるのがふつうです。

この図を見ると、やはり、年の経過（横軸目盛り）につれて原油の輸入量（縦軸目盛り）は、凸凹はあるものの、かなりはっきりと減少する傾向が認められます。このように、一方の変化につれて他方も変化するようなとき、両者の間には**相関**があるといいます。

相関の呼び方、いろいろ

相関は、「正と負」と「強と弱」にもとづいて、さらに特有の名称がついています。こんどは、**図7-2**をごらんください。

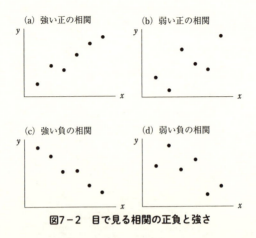

図7-2 目で見る相関の正負と強さ

　一方が増加すれば他方も増加するとか，一方が減少するにつれて他方も減少するというように，両者が同じ方向に変化するような相関は**正の相関（プラスの相関）**と呼ばれます（図 (a)(b)）。また，一方が増加（減少）するにつれて他方が減少（増加）するように，両者が反対方向に変化するなら，それは**負の相関（マイナスの相関）**と呼ばれます（図 (c)(d)）。

　さらに，図 (a) や (c) のようにグラフ上に描かれた点がほとんど直線上に並んでいれば，**強い相関**があるといいますし，図 (b) や (d) のように直線的に並んでいる傾向がいくらか認められる程度なら，**弱い相関**があるというのも自然でしょう。

　図7-1くらいなら，「やや強い負の相関が認められる」というところです。そして，相関の強さを示すバロメータとして**相関係数**という値が使われるのですが，かなりごみごみし

第7章 今を知り,未来を占うテクニック

ているので,7.3節以降に譲りたいと思います。

7.2
回帰のショート・コース

もういちど図7-1を見ていただけますか。原油の輸入量は年の経過につれて減少する傾向が,かなりはっきりと認められました。この傾向がつづくと,2004年ごろには原油の輸入量はどのくらいになると予想されるでしょうか。

このような予測をするための常套手段は,過去の実績を示す6つの黒丸を1本の線でなぞって,それを2004年の将来へ延長し,その位置の縦軸目盛りから2004年における原油の輸入量を読みとる方法です。このような方法は**補外法（外挿法**ともいう）と呼ばれています。

黒丸をなぞる1本の線には,黒丸で示された現象の挙動を表すのにふさわしいさまざまな曲線が使われるのですが,ここでは,もっとも基本的な直線を使うことにしましょう。

「補外」とは,手持ちのデータの外側へ直線を補う方法,「外挿」とは,手持ちのデータにもとづいて引いた直線を外側へ挿し込む方法,といった意味合いです。英語のまま extrapolation といったほうが通じやすいかもしれません。

では,図7-1に散らばった6つの点のなるべく近くを通るように,1本の直線を書き入れてください。めのこ（目分量）で,やっと気合いもろとも,直線を引くのです。

こうした,6つの点を直線でなぞることを「直線で**回帰**す

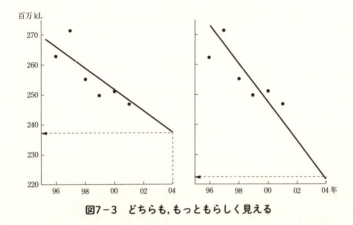

図7-3　どちらも,もっともらしく見える

る」といい,この直線を**回帰直線**と名づけています。なぜ,なぞることを「回帰」と呼ぶのかについては,Column14をご参照ください。

このように︀めのこで引いた直線の2つの例を**図7-3**に並べてあります。ごらんください。片方ずつを観察すると,けっこうじょうずに6つの点を1本の直線でなぞっているように見えます。

ところが,図7-3の両方の図に書き込まれた直線を比較してみてください。左の直線の傾きより右の直線の傾きのほうが,かなり強い右下がりの傾向を示しているではありませんか。もし,これらの直線を頼りに2004年の輸入量を予測するなら,左の図では238,右の図では223くらいと読みとれ,ずいぶんと差がついてしまいます。

こうしてみると,どちらかの直線の引き方がまちがっているのでしょう。いや,両方ともまちがっているのかもしれま

第7章 今を知り，未来を占うテクニック

せん。めのこで回帰した直線は，こんなにも信頼できないものなのです。これでは，困ります。

「いい線いってる」直線の引き方

では，正しく回帰するには，どうすればいいでしょうか。もっと正確にいえば，理屈が合理的で，だれがやっても同じ結果になり，なるべくなら数学や物理学のほかの理論とも整合するようななぞり方を採用したいものです……。このようなぜいたくな要求に応えてくれるのが，統計学で使われる，**回帰**という数学的な手法なのです。

ところが，この手法には，ごみごみとした，うっとうしい計算を伴います。本格的な回帰の数理には，のちほど7.5節で覚悟を決めて付き合っていただくことにして，ここでは，その方法で計算した結果だけを見ていただこうと思います。

図7-4に描かれた1本の直線が，その回帰直線です。こ

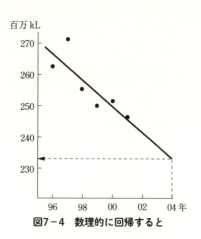

図7-4　数理的に回帰すると

の直線によれば，2004年には輸入量は233くらいになると予想されることになります。

いかがでしょうか。図7-3の2本の直線と比べて，こんどの直線のほうが6つの点をうまくなぞっているように見えるでしょうか。見た目には，3つとも大差がないように感じるではありませんか。だからこそ，カンを頼りに回帰直線を引くのではなく，ごめんどうでも数学の力を借りて回帰直線を求めることに価値があると，合点できそうです。

Column 14
回帰というへんなことば

いくつかの点を1本の線でなぞることを，統計学では回帰というのですが，変な呼び方ですね。回帰(regression)ということばは，ふつうは，ひとめぐりして元に戻ることをいうのに，なぜ，いくつかの点を線でなぞることに使われるのでしょうか。

ことの起こりは，次のように伝えられています。ある生物学者が，長身の親からは長身の子が，小柄な親からは小柄な子が生まれるから，親と子の身長の間には45°の傾きをもつ直線的な関係があるにちがいないと信じていました。ところが，実際にたくさんの親子の身長を調べて，そのデータをグラフ用紙上に印してみたところ，長身の親の子はそれほど大きくはないし，小柄な親の子はそれほど小さくないため，それらのデータをなぞった直線は，45°より水平のほうへ回帰した直線になっていました。

生物学者は，この現象を回帰と呼び，その直線を回帰直線と名づけたのだそうです。

7.3
相関の強さを表す相関係数

7.1節では，図7-2なども使って，相関の正と負，および強と弱について言及しました。このうち，正と負については，データを示す点が右上がりの傾向にあるか，右下がりの傾向にあるかの二者択一ですから，判定が容易です。

これに対して，強と弱のほうは程度問題ですから，強さの表現方法に約束ごとを決めておく必要があります。そこで，相関の強さを表すための「相関係数」という約束をご紹介します。ちとめんどうですが，お付き合いください。

さて，相関の強さは，どのような約束に従って表せばいいのでしょうか。約束ごとですから，どのように約束してもいいのですが，どうせなら多くの方が賛成してくれるように約束したいものです。

そこで，**相関がまったくないときに0，完璧に相関があるときに1になる**ように，相関の強さを表す指標を作りましょう。ことがらの起こりやすさの指標である「確率」が，まったく起こらないときに0，完璧に起こるときに1と約束しているのと同じパターンですから，多くの方のご賛同が得られるにちがいありません。

ただし，確率にはマイナスの範囲がありませんが，相関はマイナスになることもあるので，その点への配慮が必要です。そこで，マイナスの方向に対しても，相関がまったくなければ0，もっとも強い負の相関があるときに（-1）にな

るように，相関の強さを表しましょう。すなわち

完璧な負の相関 　〜　 相関なし 　〜　 完璧な正の相関
　　-1　　　　　〜　　0　　〜　　　1

になるように，相関の強さを表そうというわけです。

このような性質をもつように考え出された「相関の強さを表す指標」が**相関係数**（r）であり，つぎのような恐ろしい姿をしています。

$$r = \frac{\sum (x_i - \bar{x})(y_i - \bar{y})}{\sqrt{\sum (x_i - \bar{x})^2 \cdot \sum (y_i - \bar{y})^2}} \tag{7.1}$$

この姿には肝をつぶしてしまいますが，実際に利用してみると，たいしたことはありません。論より証拠，つぎの例を見てください。

実例で考えましょう7-1

表7-2のようなデータがあり，これを散布図に描くと図7-5のようになります。

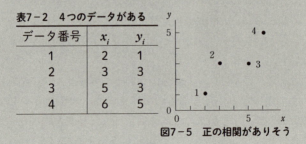

表7-2　4つのデータがある

データ番号	x_i	y_i
1	2	1
2	3	3
3	5	3
4	6	5

図7-5　正の相関がありそう

第7章 今を知り,未来を占うテクニック

> x_iとy_iの間には正の相関があるように見えますが,その相関の強さ,すなわち,相関係数を求めてください。

[答えはこちら→] 式(7.1)のx_iとy_iに数値を代入してrの値を計算するには,**表7-3**を使うのが便利です。

$$r = \frac{\sum (x_i - \bar{x})(y_i - \bar{y})}{\sqrt{\sum (x_i - \bar{x})^2 \cdot \sum (y_i - \bar{y})^2}} = \frac{③}{\sqrt{① \times ②}}$$

$$= \frac{8}{\sqrt{10 \times 8}} \fallingdotseq 0.89 \tag{7.2}$$

となります。0.89という値はかなり1に近いので,図7-5の4つの点には,正の相関の気配が見てとれるというのが素直なところでしょう。

それにしても,式(7.1)による相関係数rの計算は,式がごつい割には,たいしたことはなかったと同意していただけるでしょうか。

表7-3 相関係数rを求めるための下ごしらえ

x_i	$x_i - \bar{x}$	$(x_i - \bar{x})^2$	y_i	$y_i - \bar{y}$	$(y_i - \bar{y})^2$	$(x_i - \bar{x})(y_i - \bar{y})$
2	−2	4	1	−2	4	4
3	−1	1	3	0	0	0
5	1	1	3	0	0	0
6	2	4	5	2	4	4
計16		計10	計12		8	8
$\bar{x}=4$		①	$\bar{y}=3$		②	③

実例で考えましょう7-2

表7−1と図7−1に紹介した，各年の原油輸入量の6つのデータの相関係数を計算してみてください。

[答えはこちら→] 表7−1の値のうち，年を表す数値をxとし，輸入量の値をyとして，表7−3と同じ手順を踏めば，もちろん，相関係数が求められます。

しかしこんどは，年（x）が4桁，輸入量（y）が3桁もあるので，数値計算がごみごみして手数もかかるし，ミスを犯す可能性も増します。そこで，年のほうからはいっせいに1990を引き，また，輸入量からはいっせいに200を引いてデータをすっきりさせてから作業にかかりましょう。相関の強さは，データ相互間の位置関係だけによって決まりますから，座標軸はどこへ移動しても差し支えないのです。

では，くどいようですが，**表7−4**でもういちどrを求める作業を見ていただきましょう。

表7−4 おなじみ，相関を求める下ごしらえ

x_i	$x_i-\bar{x}$	$(x_i-\bar{x})^2$	y_i	$y_i-\bar{y}$	$(y_i-\bar{y})^2$	$(x_i-\bar{x})(y_i-\bar{y})$
6	−2.5	6.25	63	6.7	44.89	−16.75
7	−1.5	2.25	72	15.7	246.49	−23.55
8	−0.5	0.25	55	−1.3	1.69	0.65
9	0.5	0.25	50	−6.3	39.69	−3.15
10	1.5	2.25	51	−5.3	28.09	−7.95
11	2.5	6.25	47	−9.3	86.49	−23.25
計51		計17.5	338		計447.34	計−74.00
$\bar{x}=8.5$		①	$\bar{y}=56.3$		②	③

$$r = \frac{③}{\sqrt{① \times ②}} = \frac{-74}{\sqrt{17.5 \times 447}} \fallingdotseq -0.84 \tag{7.3}$$

となりました。図7-1の6つの点は，かなり強いマイナスの相関をもっていると判定できるでしょう。

なお，原油輸入量は経済の景気変動に大きく左右されるものです。実際の原油輸入量は，2002年にいったん236万kLまで下がったあと，2003年は248万kL，2004年は243万kLとなっており（経済産業省による*），本文の直線回帰に反して増加に転じていると見られます。これは景気の回復傾向を反映したものと考えられます。
　このように，ある現象に対して，無制限に直線を当てはめるのは妥当ではないという場合も，たびたび現れます。そのような場合はほかのさまざまな曲線による回帰が必要になってきますが，こうした曲線回帰については，7.6節で述べます。

　相関係数を計算するに当たっては，いまの例のように，x_i や y_i からいっせいに同じ値を引いたり加えたりして，つまり座標を平行移動して，作業の手数を減らすことを，おすすめします。作業の手数を減らせば，ミスも少なくなる理屈ですから……。

　さらに，x_i や y_i にある値を掛けたり割ったりして，座標の拡大や縮小をおこなっても差し支えありません。相関係数は，データの配列がいかに直線的であるかだけを評価するように作られているからです。

---

* 経済産業省経済産業政策局調査統計部，資源エネルギー庁資源・燃料部編『資源・エネルギー統計月報』によります。

なお，とくに決められているわけではありませんが，相関の強さは，だいたい，つぎのように表現されることが多いようです。

$$r が \begin{cases} 0 \sim 0.2 & \text{相関は「ほとんどない」} \\ 0.2 \sim 0.5 & \text{「やや」正の相関がある} \\ 0.5 \sim 0.8 & \text{「かなり」正の相関がある} \\ 0.8 \sim 1.0 & \text{「強い」正の相関がある} \end{cases}$$

相関が負の場合には，「正の」が「負の」に変わることは，いうに及びません。

7.4
相関のゆうれい？

関数関係と相関

図7-6は，おなじみの2次曲線

$$y = x^2 \tag{7.4}$$

です。xとyの間に深い深い関係があることは，言うまでもありません。

それなら，この曲線上に位置する7つの点のxとyの値には強い相関があるはずと信じて，(x_i, y_i)が，$(-3, 9)$，$(-2, 4)$，$(-1, 1)$，$(0, 0)$，$(1, 1)$，$(2, 4)$，$(3, 9)$の7つの数値の組について相関係数rを計算してみると，なん

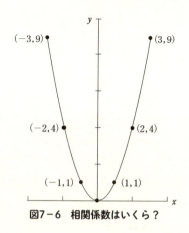

図7-6 相関係数はいくら？

と，0になってしまいます。どうして，こんなに深い関係がある7つの数値の組の相関係数が0なのでしょうか。

これは，相関係数というものの本質にかかわる問題です。式（7.1）で約束された相関係数は，データが右上がりの一直線上に並んだときに最大の値の「1」になり，右下がりの一直線上に並んだときに最小の値「-1」になるように決められたものであり，xとyの関数関係の強さを表すものではありません。相関係数を利用するときには，この本質をよく心得ておく必要があります。

あるのになくて，ないのにある

図7-7の左半分は，5〜12歳の16人の児童に鉄棒にぶら下がってもらい，けん垂の動作がなん回できたかを数えた架空の記録です。16個のデータを全体として見ると均一に散らばっていて，けん垂の回数が年齢につれて変化する傾向は

認められません。つまり、年齢とけん垂の回数の間には相関がなさそうに見えます。

ところが、男児のデータを●で、女児のデータを○で表してみると、8個の●にも、8個の○にも、かなりはっきりとした右上がりの直線的傾向が現れてくるではありませんか。男児と女児のデータを別々に調べてみれば、年齢とけん垂の能力の間には、明らかに正の相関が認められるのです。

このように、異質のデータが混在したままで相関を調べると、存在する相関を見落とすことがありますから、注意を要します。

太っちょは数学が得意か？

つづいて、図7-7の右半分をごらんください。こんどは、15人の小学生を対象に、体重と数学力の関係を調べたデータです。15個のデータは、全体としては明らかに直線的な右上がりの傾向、つまり、正の相関が見受けられます。

したがって、「体重が重いほど数学力が高いのだ」……と

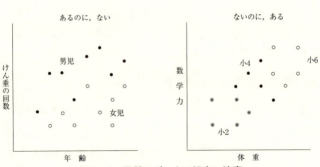

図7-7　異質のデータの混在に注意

いう変な結論になってしまうのでしょうか。どこか、おかしいようです。

なんのことはありません。15人の内訳を調べてみると、2年生が5人、4年生が5人、6年生が5人になっていたのです。それなら、2年生、4年生、6年生の順に体重が重くなると同時に、数学力が高くなっていくのは当たり前ではありませんか。このように、**異質のデータが混在したままで相関を調べると、本来ないはずの相関が見えてしまうこともあります**から、要注意です。

> 💡 このことを、「相関は因果関係を保証しない」などと申します。相関とは、一方の量と他方の量の増減がどれだけ一致しているか、という事実を述べるだけのもので、それ以上でもそれ以下でもないのです。その増減の背後にどんな事実関係や因果の法則を見いだすかは、統計学の仕事ではなく、それぞれの現象を研究する自然科学や社会科学の出番というわけです。

もっとも、図7-7（左）の場合、男児と女児の混合グループを集団として相関を調べるのであれば「相関なし」ですし、同図（右）の場合、学年の区別なしに相関の有無を調べるのが目的であれば「相関あり」です。統計学は純粋数学ではなく社会科学ですから、つねに、現実的な意味を念頭に置いて使いこなすことが肝要です。

切り捨てた仲間を忘れるな

実力主義の社会に変わりつつあるとはいえ、まだ、日本では終身雇用制度が中心なので、社員採用の担当者の責任は重大です。新採用の社員が入試の評価どおりの能力を発揮して

あるはずのない相関。相関は因果関係を保証しない

くれるかどうか，気が気ではありません。

ところが，同期の新入社員は，入試の序列どおりに能力を発揮してくれるとは限らず，トップ合格の社員がもたもたしているのに，ビリで入ってきた社員の働きが目立ったりもします。採用担当者としては，評価の方法が悪かったのではないか，ひょっとすると，もっと優れた人物を不合格にしてしまったのではないか……と，気がもめることしきりです。あげくのはてに，入試無用論まで出ることもあるようですが，それは，たいていの場合，ちがいます。

多くの経験を経て作り上げられている入試のシステムですから，応募者の入試の成績と実力との間には，かなり明瞭な正の相関があるにちがいないのです。**図7-8**のようにです。

ところが，不合格になった多くの候補者のデータを切り捨てて，合格者だけのデータを見ると，相関があるとはいえないではありませんか。

このように，切り捨てなどによってデータの一部が消滅し

第7章 今を知り，未来を占うテクニック

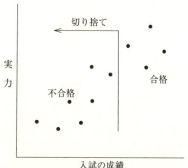
図7-8 切り捨てられたデータに注意

ているようなときには，相関があるのにないように見えたり，ないのにあるように見えたりすることがあるので，注意を要します。

過日，ある新聞に，ある大手メーカーが調べたところによると，「入社時の筆記試験の成績と入社後のシステム・エンジニアとしての能力の間には，まったく統計上の相関がなかった。だから，筆記試験はムダなのではないか」との記事が載っていましたが，筆記試験で切り捨てられた人たちのデータを除いて，このような結論を出すのは，ちょっと，早計にすぎるのではないでしょうか。

7.5
回帰直線を求める法

相関のつぎは，回帰についてご説明しようと思います。ご

回帰直線が必要になるわけ

めんどうでも、図7-3を見ていただけますか。

そこには、2つのグラフが並べてあります。両方とも、同じ6つのデータの配列を、それぞれ、めのこの直線でなぞったものでした。片方ずつを観察すると、けっこうじょうずに直線でなぞってあるように見えるのですが、しかし、両方の直線の傾きを比べてみると、ずいぶん異なります。こんなぐあいでは、めのこは頼りにできません。そこで、数学的に正しい直線を引く方法を知りたい……という筋書きでした。

詳しくは後述するからと、おあずけにしていましたが、ここではいよいよ、数理的に回帰する方法をつぶさに見ていただこうと思います。どうか、お付き合いください。

回帰直線を実際に引いてみましょう

図7-9は、いくつかの黒丸（データ）の並び方を1本の直線で回帰するための原理図です。かりに、その直線の方程式を

第7章 今を知り，未来を占うテクニック

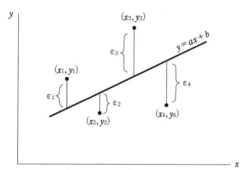

図7-9 回帰直線を求める

$$y = ax + b \tag{7.5}$$

としましょう。そして，この直線が黒丸の並び方をもっともうまく代表するように，aとbの値を決めてやろうと思うのです。

　そのためには，**各黒丸の直線からの距離を総合した値が最小になるように，aとbの値を決めればいい**でしょう。

　黒丸の直線からの距離は，直線と直角の方向に測るのが常道ですが，そうすると式がごみごみしてしまうので，図のように，y軸方向に測ることにしましょう。この距離を小さくすれば，直角方向の距離も小さくなるからです。

　さて，いちばん左の黒丸 (x_1, y_1) が $y = ax + b$ の直線上にあるなら

$$y_1 = ax_1 + b \tag{7.6}$$

が成り立つはずなのですが,現実には直線から上方へ ε_1 だけずれています。したがって

$$y_1 = ax_1 + b + \varepsilon_1 \tag{7.7}$$

となっています。式を変形すれば

$$\varepsilon_1 = y_1 - ax_1 - b$$

ということです。この関係を,すべての黒丸にも使えるように,一般的に書けば

$$\varepsilon_i = y_i - ax_i - b \tag{7.8}$$

ということになります。

では,すべての黒点についての ε_i の値を総合し,それが最小になるように a と b の値を決めていきましょう。ε_i の値を総合するに当たっては,ε_i を合計するのではなく,ε_i^2 を合計することにします。

 2乗してから合計するのは,1.3節で説明した標準偏差の計算などにも利用されているように,統計学の常套手段です。

こういうわけで,私たちは,

$$\sum \varepsilon_i^2 = \sum (y_i - ax_i - b)^2 \tag{7.9}$$

第7章 今を知り,未来を占うテクニック

が最小になるようにaとbの値を決めるはめになってしまいました。そのようにaとbを求める手順は**最小二乗法**という名前がついており,有名です。

最小二乗法は,たいしてむずかしいわけではないのですが,偏微分という操作が必要で,ごちゃごちゃして楽しくありません。計算の詳しい過程はColumn15にゆずることにして,ここでは結論だけを書きましょう。

aとbが,

$$a = \frac{\sum x_i y_i - n\bar{x}\bar{y}}{\sum x_i^2 - n\bar{x}^2} \tag{7.10}$$

$$b = \bar{y} - a\bar{x} \tag{7.11}$$

ここで nはデータの数(黒丸の数)
$\bar{x}, \bar{y}$は,x_i, y_iの平均値

のときに,式 (7.9) の値が最小になるのです。だから,このaとbを代入した

$$y = ax + b \tag{7.5 と同じ}$$

が,黒丸(データ)をもっともじょうずに回帰している直線とみなすことができる,というわけです。

したがって,この式で表される直線を**回帰直線**と呼んでいます。

Column 15
式(7.10),(7.11)の数学的に正しい導き方

本文で,私たちは

$$\Sigma \varepsilon_i^2 = \Sigma (y_i - ax_i - b)^2 \qquad (7.9)と同じ$$

がもっとも小さくなるようにaとbの値を決める必要に迫られました。つまり,この式の値で表される曲面が,a軸方向にもb軸方向にも谷底になっている位置を見つけなければなりません。

そのためには,a軸方向とb軸方向のそれぞれについて微分し,その両方が同時に0になるようなaとbを求めればいいはずです。すなわち

$$\left. \begin{array}{l} \dfrac{\partial}{\partial a} \Sigma \varepsilon_i^2 = 0 \\[6pt] \dfrac{\partial}{\partial b} \Sigma \varepsilon_i^2 = 0 \end{array} \right\} \qquad ①$$

(∂は「偏微分」を表す記号です。ここでは詳細は略しますが,詳しくは大村平著『今日から使える微積分』(講談社, 2004)の第4章などをご参照ください。)

を連立して解いていきましょう。ごしごしと,計算を実行すると

$$\left. \begin{array}{l} \Sigma x_i y_i - a\Sigma x_i^2 - b\Sigma x_i = 0 \\ \Sigma y_i - a\Sigma x_i - \Sigma b = 0 \end{array} \right\} \qquad ②$$

となります。ここで,データの数をn,x_iの平均を$\overline{x}$,y_iの平均を$\overline{y}$とすれば

第7章 今を知り，未来を占うテクニック

$$\Sigma x_i = n\bar{x}, \ \Sigma y_i = n\bar{y}, \ \Sigma b = nb \qquad ③$$

なので，これらを式②に代入すると，結局

$$\left.\begin{array}{l}\Sigma x_i y_i - a\Sigma x_i^2 - nb\bar{x} = 0 \\ n\bar{y} - na\bar{x} - nb = 0\end{array}\right\} \qquad ④$$

を連立して，aとbについて解くことになります。解いてみると

$$a = \frac{\Sigma x_i y_i - n\bar{x}\bar{y}}{\Sigma x_i^2 - n\bar{x}^2} \qquad (7.10)と同じ$$

$$b = \bar{y} - a\bar{x} \qquad (7.11)と同じ$$

になるという次第です。

このように，$\Sigma \varepsilon_i^2$がもっとも小さくなるようにaやbのような係数を決める方法を，**最小二乗法**というわけです。最小二乗法は，実験式を作るときなどに広く利用されています。

例の回帰直線はどんなの？

恐縮ですが，7.2節の図7-4を見ていただけますか。そこに書き込まれた1本の直線が，7.1節の表7-1の6つのデータの値を，式（7.10）と式（7.11）に代入して

$$\left.\begin{array}{l}a \fallingdotseq -4.13 \\ b \fallingdotseq 291\end{array}\right\} \qquad (7.12)$$

を求め，これらの値を式（7.5）に入れて作り出した，

$$y = -4.13x + 291 \tag{7.13}$$

という方程式で表される回帰直線でした。

それを散布図の中に書き込んだものが、図7-4だったのです。なるほど、これなら文句あるめえ、という感じに6つの点を回帰しているではありませんか。

 ちなみに、これら6つのデータについて相関係数を計算してみると、約-0.84という高い値になることも、申し添えておきましょう。

7.6
曲線による回帰も必要だ

いくつかのデータの傾向を1本の線でなぞることを、回帰というのでした。前節では、なぞるための線が直線である場合について、数学的にもっとも妥当ななぞり方である、最小二乗法というテクニックをご紹介しました。

しかし、考えてもみてください。自然界や人間社会で起こる現象が、すべて直線的に変化するとは思われないではありませんか。それどころか、さまざまな曲線に従って変化するにちがいない、と考えられる現象もたくさんあります。

たとえばの話、日本の食卓を賑わす代表的な脇役のひとつだったイワシの漁獲高が、2000年代に入ると、**図7-10**の左半分のように激減の一途をたどるとともに価格も上がり、食卓にもなかなか載らなくなってきました。これから先、ど

第7章 今を知り，未来を占うテクニック

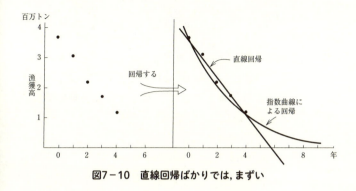

図7-10　直線回帰ばかりでは，まずい

うなるのでしょうか。

こういうとき，図の左半分の黒点を回帰する線を未来へ伸ばして，将来の状況を予想するのがふつうです。さっそく，すでに習得した手順に従って回帰直線の式を求め，それを図に書き込んでみたのが，図の右半分の直線です。

この直線が予想するところによると，イワシの漁獲高は5〜6年ごろにゼロになり，それ以降はマイナスの値になるというのですが，そんな，まさか……。

このようにふざけた話になってしまった原因は，とりもなおさず，直線で回帰したからです。直線では，「どんどんゼロには近づくけれど決してマイナスにはならない」という性格を表現することは，どうしてもできません。

こういうときには，横軸 x の増大につれて縦軸の y の値がどんどん0に近づくけれど，いつになってもマイナスにはならないという性質を表す指数曲線，

$$y = ba^{-x} \tag{7.14}$$

という式で回帰する必要があります。

あるいは,しばらくは減少するけれど,いずれは下げ止まり,その後は上昇に転ずるはずと考えられる現象の場合には,データを示す黒点を

$$y = ax^2 + bx + c \tag{7.15}$$

という2次曲線(放物線)で回帰しなければなりません。

どのような曲線で回帰するかは,それぞれの現象を研究する自然科学や社会科学の知識を駆使して,その現象の性格を洞察して決める必要があります。

しかし,それさえ決めてしまえば,曲線を表す式の係数を求める考え方や手順は,前の節と同じです。つまり,その曲線とデータの点群との距離が,総合的に見てもっとも小さくなるように,aやbなどを決めてゆくという算段です。もちろん,回帰のための計算は一段とややこしくなってしまうのがふつうですが……。

これで,文字どおり「一巻の終わり」です。くどくどした長談義に根気よくお付き合いいただいたことに感謝しつつ,ペンを擱きます。ありがとうございました。

第7章 今を知り，未来を占うテクニック

付 録

❶ 標準偏差は n で割るのか，$n-1$ で割るのか

この本の1.3節では，標準偏差 σ を

$$\sigma = \sqrt{\frac{1}{n} \sum (x_i - \overline{x})^2} \qquad (1.14)$$

と同じと定義しました。ところが，第1章の脚注4でも指摘したように，市場に出回っている参考書の中には，標準偏差を s と書き，$\sqrt{}$ の中を n ではなく $n-1$ で割って，

$$s = \sqrt{\frac{1}{n-1} \sum (x_i - \overline{x})^2} \qquad (1.14)'$$

としているものが少なくありません。どちらが正しいのでしょうか。

どちらも人間が勝手に作り出した「ばらつきの大きさ」の定義（約束ごと）ですから，両方とも正しいのですが，両者の間には，つぎのような関係があります。

式 (1.14) のほうは，このような式でばらつきの大きさを定義することの意味がわかりやすいし，また，数学の他の分野や物理学で多用される「モーメント」という概念とも整合しているという特長があります。その代わり，標本から求めた標準偏差は，母集団のほんとうの標準偏差より小さめの値になる傾向があります。σ の値がもっとも小さくなるような $\overline{x}$ を自分たちで勝手に作り出しているからです。

これに対して，式 (1.14)′ のほうを使えば，計算値がほんとうの標準偏差より小さくなる傾向がほとんど消える（不偏になる）ので，計算値を母集団の真の標準偏差とみなしても，実務上，差し支えありません。それで，統計数学では式 (1.14)′ のほうを使うことが多いのです。

　そして，前者の σ を単に**標準偏差**，後者の s を**標本標準偏差**と呼び分けることも少なくありません。

　こういうわけですから，思いきった言い方を許してもらえば，式 (1.14) のほうは学術的，式 (1.14)′ のほうは実務的な定義の仕方である，ともいえるでしょう。もっとも，n が大きくなれば，両者はほとんど同じものになってしまいますが……。

　ちなみに，データが 1 つしかない場合について，そのば̇ら̇つ̇き̇の大きさを式 (1.14) と式 (1.14)′ とで計算してみるのも一興です。

　前者の σ は，$\sqrt{}$ の中がゼロになりますから，ばらつきはゼロであることを意味します。これに対して後者の s は，$\sqrt{}$ の中がゼロ分のゼロとなるので，データが 1 個ならばらつきの大きさなどを考えるのは意味がないということになります。どちらに軍配を上げましょうか。

2 ギリシャ文字とローマ字

大文字	小文字	読み方	相当するローマ字
A	α	アルファ	A
B	β	ベータ	B
Γ	γ	ガンマ	G
Δ	δ	デルタ	D
E	ε	イプシロン	短音のE
Z	ζ	ゼータ または ツェータ	Z
H	η	エータ	長音のE
Θ	θ	シータ	TH
I	ι	イオタ	I
K	κ	カッパ	K
Λ	λ	ラムダ	L
M	μ	ミュー	M
N	ν	ニュー	N
Ξ	ξ	クシー または グザイ	X
O	o	オミクロン	短音のO
Π	π	パイ	P
P	ρ	ロー	R
Σ	σ	シグマ	S
T	τ	タウ	T
Y	υ	ユプシロン	Y
Φ	ϕ または φ	ファイ	PH
X	χ	カイ	CH
Ψ	ψ	プシー または プサイ	PS
Ω	ω	オメガ	長音のO

3 正規分布表

0からZ(標準偏差を単位とする)までに含まれる正規分布の面積$I(Z)$

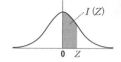

Z	0.00	0.01	0.02	0.03	0.04	0.05	0.06	0.07	0.08	0.09
+0.0	0.0000	0.0040	0.0080	0.0120	0.0160	0.0199	0.0239	0.0279	0.0319	0.0359
+0.1	0.0398	0.0438	0.0478	0.0517	0.0557	0.0596	0.0636	0.0675	0.0714	0.0753
+0.2	0.0793	0.0832	0.0871	0.0910	0.0948	0.0987	0.1026	0.1064	0.1103	0.1141
+0.3	0.1179	0.1217	0.1255	0.1293	0.1331	0.1368	0.1406	0.1443	0.1480	0.1517
+0.4	0.1554	0.1591	0.1628	0.1664	0.1700	0.1736	0.1772	0.1808	0.1844	0.1879
+0.5	0.1915	0.1950	0.1985	0.2019	0.2054	0.2088	0.2123	0.2157	0.2190	0.2224
+0.6	0.2257	0.2291	0.2324	0.2357	0.2389	0.2422	0.2454	0.2486	0.2517	0.2549
+0.7	0.2580	0.2611	0.2642	0.2673	0.2704	0.2734	0.2764	0.2794	0.2823	0.2852
+0.8	0.2881	0.2910	0.2939	0.2967	0.2995	0.3023	0.3051	0.3079	0.3106	0.3133
+0.9	0.3159	0.3186	0.3212	0.3238	0.3264	0.3289	0.3315	0.3340	0.3365	0.3389
+1.0	0.3413	0.3438	0.3461	0.3485	0.3508	0.3531	0.3554	0.3577	0.3599	0.3621
+1.1	0.3643	0.3665	0.3686	0.3708	0.3729	0.3749	0.3770	0.3790	0.3810	0.3830
+1.2	0.3849	0.3869	0.3888	0.3907	0.3925	0.3944	0.3962	0.3980	0.3997	0.4015
+1.3	0.4032	0.4049	0.4066	0.4082	0.4099	0.4115	0.4131	0.4147	0.4162	0.4177
+1.4	0.4192	0.4207	0.4222	0.4236	0.4251	0.4265	0.4279	0.4292	0.4306	0.4319
+1.5	0.4332	0.4345	0.4357	0.4370	0.4382	0.4394	0.4406	0.4418	0.4429	0.4441
+1.6	0.4452	0.4463	0.4474	0.4484	0.4495	0.4505	0.4515	0.4525	0.4535	0.4545
+1.7	0.4554	0.4564	0.4573	0.4582	0.4591	0.4599	0.4608	0.4616	0.4625	0.4633
+1.8	0.4641	0.4649	0.4656	0.4664	0.4671	0.4678	0.4686	0.4693	0.4699	0.4706
+1.9	0.4713	0.4719	0.4726	0.4732	0.4738	0.4744	0.4750	0.4756	0.4761	0.4767
+2.0	0.4772	0.4778	0.4783	0.4788	0.4793	0.4798	0.4803	0.4808	0.4812	0.4817
+2.1	0.4821	0.4826	0.4830	0.4834	0.4838	0.4842	0.4846	0.4850	0.4854	0.4857
+2.2	0.4861	0.4864	0.4868	0.4871	0.4875	0.4878	0.4881	0.4884	0.4887	0.4890
+2.3	0.4893	0.4896	0.4898	0.4901	0.4904	0.4906	0.4909	0.4911	0.4913	0.4916
+2.4	0.4918	0.4920	0.4922	0.4925	0.4927	0.4929	0.4931	0.4932	0.4934	0.4936
+2.5	0.4938	0.4940	0.4941	0.4943	0.4945	0.4946	0.4948	0.4949	0.4951	0.4952
+2.6	0.4953	0.4955	0.4956	0.4957	0.4959	0.4960	0.4961	0.4962	0.4963	0.4964
+2.7	0.4965	0.4966	0.4967	0.4968	0.4969	0.4970	0.4971	0.4972	0.4973	0.4974
+2.8	0.4974	0.4975	0.4976	0.4977	0.4977	0.4978	0.4979	0.4979	0.4980	0.4981
+2.9	0.4981	0.4982	0.4983	0.4983	0.4984	0.4984	0.4985	0.4985	0.4986	0.4986
+3.0	0.49865	0.49869	0.49874	0.49878	0.49882	0.49886	0.49889	0.49893	0.49896	0.49900

❹ t 分布表

両すその面積の合計が
P になるような t の値

P \ ϕ	0.50	0.40	0.30	0.20	0.10	0.05	0.02	0.01	0.001	P \ ϕ
1	1.000	1.376	1.963	3.078	6.314	12.706	31.821	63.657	636.619	1
2	0.816	1.061	1.386	1.886	2.920	4.303	6.965	9.925	31.598	2
3	0.756	0.978	1.250	1.638	2.353	3.182	4.541	5.841	12.941	3
4	0.741	0.941	1.190	1.533	2.132	2.776	3.747	4.604	8.610	4
5	0.727	0.920	1.156	1.476	2.015	2.571	3.365	4.032	6.859	5
6	0.718	0.906	1.134	1.440	1.943	2.447	3.143	3.707	5.959	6
7	0.711	0.896	1.119	1.415	1.895	2.365	2.998	3.499	5.405	7
8	0.706	0.889	1.108	1.397	1.860	2.306	2.896	3.355	5.041	8
9	0.703	0.883	1.100	1.383	1.833	2.262	2.821	3.250	4.781	9
10	0.700	0.879	1.093	1.372	1.812	2.228	2.764	3.169	4.587	10
11	0.697	0.876	1.088	1.363	1.796	2.201	2.718	3.106	4.437	11
12	0.695	0.873	1.083	1.356	1.782	2.179	2.681	3.055	4.318	12
13	0.694	0.870	1.079	1.350	1.771	2.160	2.650	3.012	4.221	13
14	0.692	0.868	1.076	1.345	1.761	2.145	2.624	2.977	4.140	14
15	0.691	0.866	1.074	1.341	1.753	2.131	2.602	2.947	4.073	15
16	0.690	0.865	1.071	1.337	1.746	2.120	2.583	2.921	4.015	16
17	0.689	0.863	1.069	1.333	1.740	2.110	2.567	2.898	3.965	17
18	0.688	0.862	1.067	1.330	1.734	2.101	2.552	2.878	3.922	18
19	0.688	0.861	1.066	1.328	1.729	2.093	2.539	2.861	3.883	19
20	0.687	0.860	1.064	1.325	1.725	2.086	2.528	2.845	3.850	20
21	0.686	0.859	1.063	1.323	1.721	2.080	2.518	2.831	3.819	21
22	0.686	0.858	1.061	1.321	1.717	2.074	2.508	2.819	3.792	22
23	0.685	0.858	1.060	1.319	1.714	2.069	2.500	2.807	3.767	23
24	0.685	0.857	1.059	1.318	1.711	2.064	2.492	2.797	3.745	24
25	0.684	0.856	1.058	1.316	1.708	2.060	2.485	2.787	3.725	25
26	0.684	0.856	1.058	1.315	1.706	2.056	2.479	2.779	3.707	26
27	0.684	0.855	1.057	1.314	1.703	2.052	2.473	2.771	3.690	27
28	0.683	0.855	1.056	1.313	1.701	2.048	2.467	2.763	3.674	28
29	0.683	0.854	1.055	1.311	1.699	2.045	2.462	2.756	3.659	29
30	0.683	0.854	1.055	1.310	1.697	2.042	2.457	2.750	3.646	30
40	0.681	0.851	1.050	1.303	1.684	2.021	2.423	2.704	3.551	40
60	0.679	0.848	1.046	1.296	1.671	2.000	2.390	2.660	3.460	60
120	0.677	0.845	1.041	1.289	1.658	1.980	2.358	2.617	3.373	120
∞	0.674	0.842	1.036	1.282	1.645	1.960	2.326	2.576	3.291	∞

❺ χ^2 分布表

右すその面積が
P になるような χ^2 の値

P/ϕ	0.9	0.75	0.50	0.25	0.10	0.05	0.025	0.01	0.005	P/ϕ
1	0.0158	0.102	0.455	1.323	2.71	3.84	5.02	6.63	7.88	1
2	0.211	0.575	1.386	2.77	4.61	5.99	7.38	9.21	10.60	2
3	0.584	1.213	2.37	4.11	6.25	7.81	9.35	11.34	12.84	3
4	1.064	1.923	3.36	5.39	7.78	9.49	11.14	13.28	14.86	4
5	1.610	2.67	4.35	6.63	9.24	11.07	12.83	15.09	16.75	5
6	2.20	3.45	5.35	7.84	10.64	12.59	14.45	16.81	18.55	6
7	2.83	4.25	6.35	9.04	12.02	14.07	16.01	18.48	20.3	7
8	3.49	5.07	7.34	10.22	13.36	15.51	17.53	20.1	22.0	8
9	4.17	5.90	8.34	11.39	14.68	16.92	19.02	21.7	23.6	9
10	4.87	6.74	9.34	12.55	15.99	18.31	20.5	23.2	25.2	10
11	5.58	7.58	10.34	13.70	17.28	19.68	21.9	24.7	26.8	11
12	6.30	8.44	11.34	14.85	18.55	21.0	23.3	26.2	28.3	12
13	7.04	9.30	12.34	15.98	19.81	22.4	24.7	27.7	29.8	13
14	7.79	10.17	13.34	17.12	21.1	23.7	26.1	29.1	31.3	14
15	8.55	11.04	14.34	18.25	22.3	25.0	27.5	30.6	32.8	15
16	9.31	11.91	15.34	19.37	23.5	26.3	28.8	32.0	34.3	16
17	10.09	12.79	16.34	20.5	24.8	27.6	30.2	33.4	35.7	17
18	10.86	13.68	17.34	21.6	26.0	28.9	31.5	34.8	37.2	18
19	11.65	14.56	18.34	22.7	27.2	30.1	32.9	36.2	38.6	19
20	12.44	15.45	19.34	23.8	28.4	31.4	34.2	37.6	40.0	20
21	13.24	16.34	20.3	24.9	29.6	32.7	35.5	38.9	41.4	21
22	14.04	17.24	21.3	26.0	30.8	33.9	36.8	40.3	42.8	22
23	14.85	18.14	22.3	27.1	32.0	35.2	38.1	41.6	44.2	23
24	15.66	19.04	23.3	28.2	33.2	36.4	39.4	43.0	45.6	24
25	16.47	19.94	24.3	29.3	34.4	37.7	40.6	44.3	46.9	25
26	17.29	20.8	25.3	30.4	35.6	38.9	41.9	45.6	48.3	26
27	18.11	21.7	26.3	31.5	36.7	40.1	43.2	47.0	49.6	27
28	18.94	22.7	27.3	32.6	37.9	41.3	44.5	48.3	51.0	28
29	19.77	23.6	28.3	33.7	39.1	42.6	45.7	49.6	52.3	29
30	20.6	24.5	29.3	34.8	40.3	43.8	47.0	50.9	53.7	30
40	29.1	33.7	39.3	45.6	51.8	55.8	59.3	63.7	66.8	40
50	37.7	42.9	49.3	56.3	63.2	67.5	71.4	76.2	79.5	50
60	46.5	52.3	59.3	67.0	74.4	79.1	83.3	88.4	92.0	60
70	55.3	61.7	69.3	77.6	85.5	90.5	95.0	100.4	104.2	70
80	64.3	71.1	79.3	88.1	96.6	101.9	106.6	112.3	116.3	80
90	73.3	80.6	89.3	98.6	107.6	113.1	118.1	124.1	128.3	90
100	82.4	90.1	99.3	109.1	118.5	124.3	129.6	135.8	140.2	100

F 分布表（上側確率 0.05）

右すその面積が
0.05 になるような F の値

ϕ_2 \ ϕ_1	1	2	3	4	5	6	7	8	9
1	161.	200.	216.	225.	230.	234.	237.	239.	241.
2	18.5	19.0	19.2	19.2	19.3	19.3	19.4	19.4	19.4
3	10.1	9.55	9.28	9.12	9.01	8.94	8.89	8.85	8.81
4	7.71	6.94	6.59	6.39	6.26	6.16	6.09	6.04	6.00
5	6.61	5.79	5.41	5.19	5.05	4.95	4.88	4.82	4.77
6	5.99	5.14	4.76	4.53	4.39	4.28	4.21	4.15	4.10
7	5.59	4.74	4.35	4.12	3.97	3.87	3.79	3.73	3.68
8	5.32	4.46	4.07	3.84	3.69	3.58	3.50	3.44	3.39
9	5.12	4.26	3.86	3.63	3.48	3.37	3.29	3.23	3.18
10	4.96	4.10	3.71	3.48	3.33	3.22	3.14	3.07	3.02
11	4.84	3.98	3.59	3.36	3.20	3.09	3.01	2.95	2.90
12	4.75	3.89	3.49	3.26	3.11	3.00	2.91	2.85	2.80
13	4.67	3.81	3.41	3.18	3.03	2.92	2.83	2.77	2.71
14	4.60	3.74	3.34	3.11	2.96	2.85	2.76	2.70	2.65
15	4.54	3.68	3.29	3.06	2.90	2.79	2.71	2.64	2.59
16	4.49	3.63	3.24	3.01	2.85	2.74	2.66	2.59	2.54
17	4.45	3.59	3.20	2.96	2.81	2.70	2.61	2.55	2.49
18	4.41	3.55	3.16	2.93	2.77	2.66	2.58	2.51	2.46
19	4.38	3.52	3.13	2.90	2.74	2.63	2.54	2.48	2.42
20	4.35	3.49	3.10	2.87	2.71	2.60	2.51	2.45	2.39
21	4.32	3.47	3.07	2.84	2.68	2.57	2.49	2.42	2.37
22	4.30	3.44	3.05	2.82	2.66	2.55	2.46	2.40	2.34
23	4.28	3.42	3.03	2.80	2.64	2.53	2.44	2.37	2.32
24	4.26	3.40	3.01	2.78	2.62	2.51	2.42	2.36	2.30
25	4.24	3.39	2.99	2.76	2.60	2.49	2.40	2.34	2.28
26	4.23	3.37	2.98	2.74	2.59	2.47	2.39	2.32	2.27
27	4.21	3.35	2.96	2.73	2.57	2.46	2.37	2.31	2.25
28	4.20	3.34	2.95	2.71	2.56	2.45	2.36	2.29	2.24
29	4.18	3.33	2.93	2.70	2.55	2.43	2.35	2.28	2.22
30	4.17	3.32	2.92	2.69	2.53	2.42	2.33	2.27	2.21

10	12	15	20	24	30	40	60	120	ϕ_1 / ϕ_2
242.	244.	246.	248.	249.	250.	251.	252.	253.	1
19.4	19.4	19.4	19.4	19.5	19.5	19.5	19.5	19.5	2
8.79	8.74	8.70	8.66	8.64	8.62	8.59	8.57	8.55	3
5.96	5.91	5.86	5.80	5.77	5.75	5.72	5.69	5.66	4
4.74	4.68	4.62	4.56	4.53	4.50	4.46	4.43	4.40	5
4.06	4.00	3.94	3.87	3.84	3.81	3.77	3.74	3.70	6
3.64	3.57	3.51	3.44	3.41	3.38	3.34	3.30	3.27	7
3.35	3.28	3.22	3.15	3.12	3.08	3.04	3.01	2.97	8
3.14	3.07	3.01	2.94	2.90	2.86	2.83	2.79	2.75	9
2.98	2.91	2.84	2.77	2.74	2.70	2.66	2.62	2.58	10
2.85	2.79	2.72	2.65	2.61	2.57	2.53	2.49	2.45	11
2.75	2.69	2.62	2.54	2.51	2.47	2.43	2.38	2.34	12
2.67	2.60	2.53	2.46	2.42	2.38	2.34	2.30	2.25	13
2.60	2.53	2.46	2.39	2.35	2.31	2.27	2.22	2.18	14
2.54	2.48	2.40	2.33	2.29	2.25	2.20	2.16	2.11	15
2.49	2.42	2.35	2.28	2.24	2.19	2.15	2.11	2.06	16
2.45	2.38	2.31	2.23	2.19	2.15	2.10	2.06	2.01	17
2.41	2.34	2.27	2.19	2.15	2.11	2.06	2.02	1.97	18
2.38	2.31	2.23	2.16	2.11	2.07	2.03	1.98	1.93	19
2.35	2.28	2.20	2.12	2.08	2.04	1.99	1.95	1.90	20
2.32	2.25	2.18	2.10	2.05	2.01	1.96	1.92	1.87	21
2.30	2.23	2.15	2.07	2.03	1.98	1.94	1.89	1.84	22
2.27	2.20	2.13	2.05	2.01	1.96	1.91	1.86	1.81	23
2.25	2.18	2.11	2.03	1.98	1.94	1.89	1.84	1.79	24
2.24	2.16	2.09	2.01	1.96	1.92	1.87	1.82	1.77	25
2.22	2.15	2.07	1.99	1.95	1.90	1.85	1.80	1.75	26
2.20	2.13	2.06	1.97	1.93	1.88	1.84	1.79	1.73	27
2.19	2.12	2.04	1.96	1.91	1.87	1.82	1.77	1.71	28
2.18	2.10	2.03	1.94	1.90	1.85	1.81	1.75	1.70	29
2.16	2.09	2.01	1.93	1.89	1.84	1.79	1.74	1.68	30

7 e^{-x} の値

x	e^{-x}	x	e^{-x}	x	e^{-x}	x	e^{-x}
0.00	1.00000	0.46	0.63128	0.92	0.39852	1.76	0.17204
0.01	0.99005	0.47	0.62500	0.93	0.39455	1.78	0.16864
0.02	0.98020	0.48	0.61878	0.94	0.39063	1.80	0.16530
0.03	0.97045	0.49	0.61263	0.95	0.38674	1.82	0.16203
0.04	0.96079	0.50	0.60653	0.96	0.38289	1.84	0.15882
0.05	0.95123	0.51	0.60050	0.97	0.37908	1.86	0.15567
0.06	0.94176	0.52	0.59452	0.98	0.37531	1.88	0.15259
0.07	0.93239	0.53	0.58860	0.99	0.37158	1.90	0.14957
0.08	0.92312	0.54	0.58275	1.00	0.36788	1.92	0.14661
0.09	0.91393	0.55	0.57695	1.02	0.36060	1.94	0.14370
0.10	0.90484	0.56	0.57121	1.04	0.35345	1.96	0.14086
0.11	0.89583	0.57	0.56553	1.06	0.34646	1.98	0.13807
0.12	0.88692	0.58	0.55990	1.08	0.33960	2.00	0.13534
0.13	0.87809	0.59	0.55433	1.10	0.33287	2.10	0.12246
0.14	0.86936	0.60	0.54881	1.12	0.32628	2.20	0.11080
0.15	0.86071	0.61	0.54335	1.14	0.31982	2.30	0.10026
0.16	0.85214	0.62	0.53794	1.16	0.31349	2.40	0.09072
0.17	0.84366	0.63	0.53259	1.18	0.30728	2.50	0.08208
0.18	0.83527	0.64	0.52729	1.20	0.30119	2.60	0.07427
0.19	0.82696	0.65	0.52205	1.22	0.29523	2.70	0.06721
0.20	0.81873	0.66	0.51685	1.24	0.28938	2.80	0.06081
0.21	0.81058	0.67	0.51171	1.26	0.28365	2.90	0.05502
0.22	0.80252	0.68	0.50662	1.28	0.27804	3.00	0.04979
0.23	0.79453	0.69	0.50158	1.30	0.27253	3.10	0.04505
0.24	0.78663	0.70	0.49659	1.32	0.26714	3.20	0.04076
0.25	0.77880	0.71	0.49164	1.34	0.26185	3.30	0.03688
0.26	0.77105	0.72	0.48675	1.36	0.25666	3.40	0.03337
0.27	0.76338	0.73	0.48191	1.38	0.25158	3.50	0.03020
0.28	0.75578	0.74	0.47711	1.40	0.24660	3.60	0.02732
0.29	0.74826	0.75	0.47237	1.42	0.24171	3.70	0.02472
0.30	0.74082	0.76	0.46767	1.44	0.23693	3.80	0.02237
0.31	0.73345	0.77	0.46301	1.46	0.23224	3.90	0.02024
0.32	0.72615	0.78	0.45841	1.48	0.22764	4.00	0.01832
0.33	0.71892	0.79	0.45384	1.50	0.22313	4.10	0.01657
0.34	0.71177	0.80	0.44933	1.52	0.21871	4.20	0.01500
0.35	0.70469	0.81	0.44486	1.54	0.21438	4.30	0.01357
0.36	0.69768	0.82	0.44043	1.56	0.21014	4.40	0.01227
0.37	0.69073	0.83	0.43605	1.58	0.20598	4.50	0.01111
0.38	0.68386	0.84	0.43171	1.60	0.20190	4.60	0.01005
0.39	0.67706	0.85	0.42741	1.62	0.19790	4.70	0.00910
0.40	0.67032	0.86	0.42316	1.64	0.19398	4.80	0.00823
0.41	0.66365	0.87	0.41895	1.66	0.19014	4.90	0.00745
0.42	0.65705	0.88	0.41478	1.68	0.18637	5.00	0.00674
0.43	0.65051	0.89	0.41066	1.70	0.18268	6.00	0.00248
0.44	0.64404	0.90	0.40657	1.72	0.17907	8.00	0.00034
0.45	0.63763	0.91	0.40252	1.74	0.17552	10.00	0.00005

索引

あわて者の誤り　140, 192
一回抜取検査　195
因子　201
―― 変動　213
F 検定　209, 210
F 分布表　209, 264
OC曲線　188

か

回帰　233, 235
―― 直線　234, 251
階級　50
階乗　67, 169
外挿法　233
χ^2（カイ2乗）　151
―― 検定　152, 210
ガウス曲線　64
確率分布　72
確率密度関数　73
確率密度曲線　72
仮説　129
片側検定　148
幾何平均　29
棄却　133
危険率　105, 133
記述統計　17
帰無仮説　134, 138
級間変動　214
区間推定　100, 102
クラス　50
検査特性曲線　188
検定　129, 146, 204

交互作用　227
誤差曲線　64
誤差変動　214

最小二乗法　251, 253
最ひん値　20
算術平均　23
散布図　231
実験計画法　227
自由度　116, 121
消費者リスク　190, 192
信頼区間　102
信頼係数　102
信頼限界　102
信頼度　102
水準　201
推測統計　18
推定　96, 146
数理統計学　58
スタージェスの公式　50
正規分布　40, 62
生産者リスク　190, 192
積率　27
相加平均　23
相関　231
―― 係数　232, 238
相乗平均　28
層別　42
総変動　213

た

第1種の過誤　140, 192
第2種の過誤　140, 192

中央値 21
柱状グラフ 43
中心極限定理 68
t 検定 145, 210
t 分布 115
点推定 98
統計解析 59
統計学 16
度数 20

なみ数 20
なみ値 20
二回抜取検査 195
二項係数 67, 169
二項展開（二項式の展開） 167
二項分布 66, 134
抜取検査 163

背理法 139
破壊検査 163
破壊試験 163
パスカルの三角形 169
ヒストグラム 43
標準化変数 76
標準正規分布 75
標準偏差 34, 259
標本 18, 162
—— 調査 163
—— 標準偏差 110, 259
ひん度 20
不偏推定値 98, 112
不偏分散 205

不良率 164
分散 35, 205
—— 分析 211
分布制限つきの評価 79
分布の型 36
平均 23
平均偏差 32
ポアソン分布 175
補外法 233
母集団 18
母標準偏差 110
母平均 98
ぼんやり者の誤り 140, 192

前処理 48
メジアン 21
モード 20
モーメント 27

有意差 133
—— の検定 133
有意水準 133

乱数サイ 39
両側検定 146
レベル 201
レンジ 30
ロット 184

N.D.C.417　268p　18cm

ブルーバックス　B-2085

今日から使える統計解析　普及版
理論の基礎と実用の"勘どころ"

2019年 2 月20日　第 1 刷発行
2023年 8 月 7 日　第 3 刷発行

著者	大村 平
発行者	髙橋明男
発行所	株式会社講談社
	〒112-8001 東京都文京区音羽2-12-21
電話	出版　03-5395-3524
	販売　03-5395-4415
	業務　03-5395-3615
印刷所	(本文印刷) 株式会社KPSプロダクツ
	(カバー表紙印刷) 信每書籍印刷株式会社
製本所	株式会社国宝社

定価はカバーに表示してあります。
©大平　2019, Printed in Japan
落丁本・乱丁本は購入書店名を明記のうえ、小社業務宛にお送りください。
送料小社負担にてお取替えします。なお、この本についてのお問い合わせは、ブルーバックス宛にお願いいたします。
本書のコピー、スキャン、デジタル化等の無断複製は著作権法上での例外を除き禁じられています。本書を代行業者等の第三者に依頼してスキャンやデジタル化することはたとえ個人や家庭内の利用でも著作権法違反です。
Ⓡ〈日本複製権センター委託出版物〉複写を希望される場合は、日本複製権センター（電話03-6809-1281）にご連絡ください。

ISBN978-4-06-514793-1

発刊のことば

科学をあなたのポケットに

二十世紀最大の特色は、それが科学時代であるということです。科学は日に日に進歩を続け、止まるところを知りません。ひと昔前の夢物語もどんどん現実化しており、今やわれわれの生活のすべてが、科学によってゆり動かされているといっても過言ではないでしょう。

そのような背景を考えれば、学者や学生はもちろん、産業人も、セールスマンも、ジャーナリストも、家庭の主婦も、みんなが科学を知らなければ、時代の流れに逆らうことになるでしょう。

ブルーバックス発刊の意義と必然性はそこにあります。このシリーズは、読む人に科学的に物を考える習慣と、科学的に物を見る目を養っていただくことを最大の目標にしています。そのためには、単に原理や法則の解説に終始するのではなくて、政治や経済など、社会科学や人文科学にも関連させて、広い視野から問題を追究していきます。科学はむずかしいという先入観を改める表現と構成、それも類書にないブルーバックスの特色であると信じます。

一九六三年九月

野間省一

ブルーバックス　技術・工学関係書 (I)

495	人間工学からの発想	小原二郎
911	電気とはなにか	室岡義広
1084	図解 わかる電子回路	加藤肇/高橋尚久
1128	原子爆弾	山田克哉
1236	図解 ヘリコプター	鈴木英夫
1346	図解 飛行機のメカニズム	柳生一
1396	制御工学の考え方	木村英紀
1452	流れのふしぎ	石綿良三/日本機械学会 = 編著
1469	量子コンピュータ	竹内繁樹
1483	新しい物性物理	伊達宗行
1520	図解 鉄道の科学	宮本昌幸
1545	高校数学でわかる半導体の原理	竹内淳
1553	図解 つくる電子回路	加藤ただし
1573	手作りラジオ工作入門	西田和明
1624	コンクリートなんでも小事典	土木学会関西支部 = 編
1660	図解 電車のメカニズム	宮本昌幸 = 編著
1676	図解 橋の科学	田中輝彦/渡邊英一 他
1696	図解 ジェット・エンジンの仕組み	吉中司
1717	図解 地下鉄の科学	土木学会関西支部 = 編 他
1797	古代日本の超技術 改訂新版	志村史夫
1817	東京鉄道遺産	小野田滋
1845	古代世界の超技術	志村史夫
1866	暗号が通貨になる「ビットコイン」のからくり	吉本佳生/西田宗千佳
1871	アンテナの仕組み	小暮裕明/小暮芳江
1879	火薬のはなし	松永猛裕
1887	小惑星探査機「はやぶさ2」の大挑戦	山根一眞
1938	飛行機事故はなぜなくならないのか	青木謙知
1940	門田先生の3Dプリンタ入門	門田和雄
1948	すごいぞ! 身のまわりの表面科学	日本表面科学会
1950	実例で学ぶRaspberry Pi電子工作	金丸隆志
1959	図解 燃料電池自動車のメカニズム	川辺謙一
1963	交流のしくみ	森本雅之
1968	高校数学でわかる光とレンズ	甘利俊一
1970	脳・心・人工知能	竹内淳
2001	人工知能はいかにして強くなるのか?	小野田博一
2017	人はどのように鉄を作ってきたか	永田和宏
2035	現代暗号入門	神永正博
2038	城の科学	萩原さちこ
2041	時計の科学	織田一朗
2052	カラー図解 はじめる機械学習 Raspberry Piで	金丸隆志

ブルーバックス　技術・工学関係書（Ⅱ）

- 2056　新しい1キログラムの測り方　臼田孝
- 2093　今日から使えるフーリエ変換　普及版　三谷政昭
- 2103　我々は生命を創れるのか　藤崎慎吾
- 2118　道具としての微分方程式　偏微分編　斎藤恭一
- 2142　ラズパイ4対応　カラー図解　最新Raspberry Piで学ぶ電子工作　金丸隆志
- 2144　5G　岡嶋裕史
- 2172　スペース・コロニー　宇宙で暮らす方法　東京理科大学スペース・コロニー研究センター編著　向井千秋監修
- 2177　はじめての機械学習　田口善弘